W0057264

Selbstorganisation

Dr. Klaus Bischof
Anita Bischof
Prof. Dr. Jörg Knoblauch
Holger Wöltje

Inhalt

Teil 1: Selbstmanagement

Teil 2: Zeitmanagement

Teil 1: Selbstmanagement

Vorwort

Selbstmanagement ist eine Schlüsselkompetenz, die nur wenige beherrschen. Eigentlich kein Wunder, denn weder Schulen noch Universitäten vermitteln, wie wir unsere beruflichen Ziele finden und zielstrebig verfolgen, unsere Arbeit perfekt organisieren, Zeit richtig nutzen, mit anderen effektiv zusammenarbeiten oder unsere kommunikativen Fähigkeiten weiterentwickeln. Ob als Führungskraft oder Mitarbeiter – spätestens im betrieblichen Alltag merken wir, dass ein unkoordinierter Arbeitsstil viel Geld, Zeit und Nerven kostet.

Unser TaschenGuide hilft Ihnen, den Arbeitstag in den Griff zu bekommen und Ihre beruflichen Ziele zu erreichen: mit Checklisten zur kritischen Selbstanalyse und Standortbestimmung, vielen Tipps und überzeugenden, einfachen Lösungen für die Praxis. Lernen Sie sich selbst zu managen und Sie werden auf der Karriereleiter schnell vorankommen!

Anita Bischof und Dr. Klaus Bischof

Wo stehen Sie?

Wer bewusst Verantwortung für seine berufliche Laufbahn übernehmen will, muss zunächst einmal wissen, wo er überhaupt steht. Möglichkeiten und Chancen für das eigene Fortkommen auszuloten ist der erste Schritt auf dem Weg zum erfolgreichen Selbstmanagement.

In diesem Kapitel stellen wir Ihnen einige bewährte Instrumente vor, mit denen Sie sich über Ihren heutigen Standort einfach und schnell klar werden:

- Lust-Frust-Bilanz,
- Leistungsbilanz,
- Stärken-Schwächen-Analyse,
- Kompetenzbeurteilung.

Wie Sie Ihren Standort bestimmen

Mit den in diesem Kapitel beschriebenen Instrumenten können Sie sich über Ihren heutigen Standort einfach und schnell
klar werden. Später, wenn wir uns auf die Suche nach Ihren
Zielen begeben und diese schriftlich festhalten, werden diese
Instrumente zur Standortbestimmung erneut wichtig.

Beispiel:

Angenommen, Sie stellen bei der Stärken-Schwächen-Analyse
fest, dass Ihnen Teamarbeit schwer fällt und Sie viel lieber für
sich alleine arbeiten. Für die Zukunft wünschen Sie sich aber, in
einer bestimmten Firma an der Entwicklung von Motoren mit-
zuarbeiten. Da Sie sicher sein können, dass ein Ingenieurteam an
solchen Entwicklungen arbeitet, müssen Sie sich natürlich fragen, ob Sie dort überhaupt gut aufgehoben wären. Vielleicht
haben Sie in Ihrer Kompetenzbeurteilung festgehalten, dass Sie
dann besonders erfolgreich sind, wenn Sie Konzepte präsentieren
und verkaufen. Dann fragt sich natürlich, ob Sie Ihre Talente
nicht vergeuden, wenn Sie in Zukunft einen Job ohne Kunden-
kontakt suchen.

Halten Sie die Ergebnisse der nachfolgenden Analysen unbedingt schriftlich fest! Wer sich die Fragen nur durch den Kopf gehen lässt, riskiert
schwammige, wenig konkrete Einschätzungen. Was nicht schwarz auf
weiß auf dem Papier steht, ist nicht zu Ende gedacht, wird später oft
vergessen oder im Nachhinein ganz anders interpretiert.

Ihre Lust-Frust-Bilanz

Zunächst geht es darum, dass Sie Ihre aktuelle berufliche
Situation richtig einschätzen. Es geht hierbei nicht um Fakten,
sondern um Ihre Emotionen, die Sie in der sogenannten

Lust-Frust-Bilanz schriftlich festhalten. Sie werden sich darüber klar, was Ihnen bei der Arbeit Spaß macht und leicht fällt bzw. wo Sie mögliche Schwachpunkte haben und mit Frustration reagieren. Die Bilanz dokumentiert Ihre jetzige Situation. Später können Sie leicht daran ablesen, ob und wie Sie sich weiterentwickelt haben.

Wie gehen Sie vor?

1   Stellen Sie eine Reihe von Faktoren zusammen, die Einfluss auf Ihre Arbeitszufriedenheit bzw. -unzufriedenheit nehmen. Solche Faktoren könnten sein: Ihre verschiedenen Aufgabenfelder, die Zusammenarbeit mit Vorgesetzten bzw. Mitarbeitern, das Arbeitsklima, Ihr Verhältnis zu Kunden und Lieferanten etc.

2   Jetzt überlegen Sie für jeden Bereich, was Ihnen Freude bereitet und was Sie frustriert. Was Spaß macht, halten Sie auf der Lustseite, was Frust bereitet, auf der Frustseite schriftlich fest.

Die Lust-Frust-Bilanz verdeutlicht negative und positive Emotionen.

Lust-Frust-Bilanz

Lust	Frust

Beispiel: Die Lust-Frust-Bilanz eines Beraters

Lust	Frust
▪ Zusammenarbeit mit Menschen	▪ echtes Feedback zu erhalten ist nicht immer möglich
▪ Kunden fordern	▪ Hotelübernachtung
▪ unterschiedliche Aufgaben	
▪ konzeptionelles Arbeiten	

Falls es Ihnen nicht leicht fällt auf Anhieb zu sagen, wann Sie Spaß empfinden und wann Sie verärgert sind, denken Sie einmal scharf nach: Welche Aufgaben schieben Sie immer wieder auf die lange Bank, welche gehen Sie rasch an? Wann fühlen Sie sich bei der Arbeit gut, wann reagieren Sie gereizt? Welche Kollegen, Vorgesetzte und Kunden mögen Sie, wem gehen Sie aus dem Weg?

Was haben Sie bisher geleistet?

Wissen Sie eigentlich, was Sie beispielsweise im letzten Jahr geleistet haben? Ihre persönliche Leistungsbilanz gibt Ihnen eine Antwort darauf, auf welchen Gebieten Sie erfolgreich waren bzw. Misserfolge verzeichnen mussten. Sie hilft Ihnen Ihre Leistungsfähigkeit zu erkennen, daran weiterzuarbeiten bzw. Ihren Kurs gegebenenfalls zu korrigieren.

Wie gehen Sie vor?

1   Wählen Sie einen bestimmten Zeitabschnitt, z.B. das letzte Jahr, und fragen Sie sich: Was habe ich mir damals vorgenommen, was konnte ich erreichen und wo habe ich meine Ziele verfehlt?

2   Tragen Sie auf der Erfolgsseite sowohl dokumentierte und vereinbarte erreichte Erfolge ein als auch „zufällige", ungeplante.

3   Notieren Sie auch Punkte, die Ihnen zu einem späteren Zeitpunkt einfallen. So ergibt sich eine vollständige und aktuelle Leistungsbilanz.

Die Leistungsbilanz verdeutlicht eigene wichtige Erfolge und Misserfolge

Leistungsbilanz

Erfolg	Misserfolg

Beispiel: Die Leistungsbilanz eines Beraters

Erfolg	Misserfolg
Langjährige Kundenbeziehungen	Kunden nutzen immer nur spezielle Stärken
Ergebnisse aus Aufträgen werden umgesetzt	Präsentation schlecht vorbereitet
Bekanntheitsgrad gesteigert	
Qualität der Produkte	

Die Stärken- und Schwächenanalyse

Anhand der Lust-Frust-Bilanz und der Leistungsbilanz haben Sie im Detail beschrieben, wo Sie heute stehen. Jetzt wenden Sie sich der Analyse Ihrer Stärken und Schwächen zu.

- Gerade in längeren Veränderungsprozessen ist es hilfreich, Fähigkeiten und Schwachpunkte zu erkennen und immer wieder zu benennen. So lassen sich Entwicklungen besser ablesen.

- Wer weiß, wo die eigenen Stärken liegen, setzt sie bewusster ein und gewinnt dadurch mehr Sicherheit. Wer sich seinen Schwächen stellt, lernt besser mit ihnen umzugehen oder sie sogar zu überwinden.

Wie gehen Sie vor?

1 Fragen Sie sich zunächst nach Ihren Stärken!

Was bedeutet Stärke für mich? Welche Stärken habe ich? Was kann ich besonders gut? Welche Chancen ergeben sich aus meinen Fähigkeiten? Gefährde ich die Stärken, wenn ich beispielsweise in einem anderen Umfeld arbeite? Werde ich dann genauso von den Kollegen angenommen?

2 Loten Sie anschließend Ihre Schwächen aus!

Was bedeutet Schwäche für mich? Bei welchen Aufgaben versage ich immer wieder? Halten bestimmte Schwächen verborgene Chancen bereit, die sich in einem anderen Arbeitsumfeld entfalten könnten? Spielen meine Schwächen in einem anderen Umfeld vielleicht kaum mehr eine Rolle?

> Listen Sie Ihre Stärken bzw. Schwächen nach einzelnen Aufgabenfeldern geordnet auf. So erhalten Sie ein systematisches Profil Ihrer Selbsteinschätzung.

Die Stärkenanalyse zeigt Ihre besonderen Fähigkeiten auf.

Stärkenanalyse

Datum			
Aufgabe (Lebens- oder Berufsgebiet)	Stärken	Folgen/ Risiken	Offene Fragen/ Absichten?

Die Schwächenanalyse verdeutlicht problematische Felder.

Schwächenanalyse

Datum			
Aufgabe (Lebens- oder Berufsgebiet)	Schwä- chen	Folgen/ Risiken	Offene Fragen/ Absichten?

Beispiel: Stärken- und Schwächenanalyse

Datum: 01.04.20XX			
Aufgabe (Lebens- oder Berufs- gebiet)	Stärken	Folgen/Risiken	Offene Fragen/ Absichten?
1 Konzep- tionelle Aufgaben	Hohes analytisches Denk- vermögen	Probleme, Aufgaben sind übersichtlich und auf das Wesent- liche beschränkt strukturiert und damit leicht verständlich.	
2 Projekt- leitung	Struktu- rierung	Übersichtlicher Projektplan mit klaren Zustän- digkeiten und Terminen	
Datum: 01.04.20XX			
Aufgabe (Lebens- oder Berufs- gebiet)	Schwächen	Folgen/Risiken	Offene Fragen/ Absichten?
1 technisch orientierte Aufgaben	geringe Experimen- tierfreude	findet wenig für sich selbst heraus, lange Lernphase	
2 Präsenta- tion, Vortrag	großes Lampenfieber	kommt bei Zuhörern schlecht an	

Kompetenzen erkennen und bewerten

Es gibt eine Reihe von Kompetenzbereichen, die wir im nächsten Schritt unter die Lupe nehmen wollen. Dazu zählen Ihre Persönlichkeit, die Fähigkeit anderen Ideen oder Güter zu verkaufen, fachliches Können, soziale und Führungskompetenz. Um festzustellen, auf welchen Gebieten Sie über besondere Fertigkeiten verfügen und auf welchen Sie eher schwach sind, führen Sie eine Kompetenzbeurteilung durch.

- Sie erhalten ein klares Bild Ihrer Leistung.
- Sie erkennen, in welchen Kompetenzbereichen Sie bereits heute gut sind und wo es noch Defizite gibt.
- Sie lernen, sich auf einige klare Kompetenzbereiche zu konzentrieren.

Wie gehen Sie vor?

1 Beobachten und protokollieren Sie Ihr Verhalten!

Bereiten Sie sich vor, indem Sie Fakten sammeln! Bevor Sie mit der Analyse beginnen, beobachten Sie sich sorgfältig bei der Arbeit, z. B. bei Kundenbesuchen, in Ihrem Büro und bei Gesprächen mit Kollegen, Vorgesetzten und Mitarbeitern. Sie notieren, was Ihnen an Ihrem Verhalten auffällt. Nehmen Sie die nachfolgend aufgelisteten Verhaltenskategorien zu Hilfe, um sich die Arbeit zu erleichtern. Sie können im Übrigen auch eine Vertrauensperson bitten Sie in Augen schein zu nehmen. Das erweitert den Blickwinkel und objektiviert die Ergebnisse.

2 Beurteilen Sie Ihre Kompetenzen!

Nehmen Sie sich eine Stunde Zeit und lesen Sie Ihre Notizen. Die Verhaltensbeschreibungen und frühere Aufzeichnungen (z. B. die Stärken-Schwächenanalyse) können ebenfalls herangezogen werden. Fassen Sie Ihre Notizen in klaren Aussagen zusammen und halten Sie sie auf dem Formblatt in der rechten Spalte fest. In der mittleren Spalte können Sie Ihre Leistungen in den verschiedenen Kompetenzbereichen auf einer Skala selbst einschätzen. Sie können sich jedoch auch von Ihrem Vorgesetzten oder einem Dritten beurteilen lassen.

> Die Kompetenzbeurteilung eignet sich auch für Bewerbungsgespräche. Zunächst beurteilen Sie den Bewerber, anschließend lassen Sie den Bewerber den Test durchführen. Tauschen Sie die Ergebnisse aus und klären Sie etwaige Differenzen! Genauso können Sie auch schwierige Mitarbeiter beurteilen oder solche, die weiterentwickelt werden sollen.

Die Verhaltensliste hilft bei der detaillierten Beschreibung Ihrer Fähigkeiten:

Checkliste: Verhaltensweisen – Fähigkeiten analysieren

1	Verhaltensweisen, welche die Persönlichkeit kennzeichnen

Flexibilität und Initiative

- stellt sich schnell auf veränderte und neue Sachlagen ein
- richtet die Arbeitsführung auf die neue Situation aus
- reagiert schnell bei akuten Problemen und behält dabei die Übersicht
- erkennt Aufgaben aus eigenem Antrieb und greift sie auf, ohne den Weg genau vorgezeichnet zu bekommen

Auftreten

- spricht frei und offen
- schreibt klar und kurz
- ist sicher im Auftreten
- überzeugt das Publikum oder eine Diskussionsrunde
- lässt Partner aussprechen
- hört interessiert zu
- respektiert die Meinung des anderen in Diskussionen

2 Soziales Verhalten

Zusammenarbeit

- arbeitet mit Kollegen und Vorgesetzten zusammen
- beteiligt sich an gemeinsamen Aufgaben
- beschafft sachdienliche Informationen unter Ausnutzung aller Kommunikationswege
- leitet Informationen exakt und schnell weiter
- geht diskret mit vertraulichen Dingen um
- merkt sich wichtige Gedanken in Gesprächen und knüpft nachher daran an

Zielorientiertes Arbeiten und Überzeugungskraft

- bildet sich eine eigene Meinung aufgrund von Fachkompetenz und stellt sie verständlich dar
- überzeugt durch Argumente sowie durch Sprache und Auftreten, auch gegen Widerstände
- bewegt etwas
- gibt auch eigene Lieblingsaufgaben an andere ab

3 Fachliches Verhalten

Arbeitsqualität

- führt eigene Arbeiten möglichst fehlerfrei aus

Arbeitsquantität

- erledigt Aufgaben in vorgegebener Zeit
- zeigt Ausdauer und Stetigkeit bei der Arbeit

Urteilsvermögen und Kontrolle

- erkennt Ziele und Notwendigkeiten
- setzt Prioritäten
- wählt neue Lösungswege nach ihrer Wirksamkeit und setzt sie gezielt ein
- kontrolliert eigene Arbeitsergebnisse

Kostenbewusstes Handeln

- erreicht vorgegebene Ziele mit möglichst geringem Zeitaufwand
- erkennt Verlustquellen und behebt sie
- geht rationell mit Ressourcen um

4 Führungsverhalten

Führungsverhalten (nur bei Führungsaufgaben)

- trifft Entscheidungen, die das Aufgabenziel erreichen
- kann und will unfähige Mitarbeiter straff führen
- vertritt Unternehmensentscheidungen bei seinen Mitarbeitern
- steht bei Problemen Mitarbeitern offen zur Verfügung
- berät Mitarbeiter bei Unsicherheit
- hört gut zu

Mitarbeiterentwicklung

- erkennt Leistungspotenziale der Mitarbeiter
- fördert Mitarbeiter in ihrem Potenzial

- nutzt das Potenzial seiner Mitarbeiter voll aus
- gibt Mitarbeiter ab
- setzt theoretische und praktische Kenntnisse ein
- braucht kaum kontrolliert zu werden

Die Kompetenzbeurteilung zeigt Ihnen genau, wo Ihre Stärken liegen:

Kompetenzbeurteilung

Name:	Datum:				
Kernkompetenz	Beobachtung/Beurteilung durch Vorgesetzte/n				Beschreibung
	100 %	75 %	50 %	25 %	
1 Persönlichkeit					
Flexibilität und Initiative					
Auftreten					
2 Soziales Verhalten					
Zusammenarbeit					
Zielorientiertes Arbeiten und Überzeugungskraft					

Name:	Datum:				
Kernkompetenz	Beobachtung/Beurteilung durch Vorgesetzte/n				Beschreibung
	100 %	75 %	50 %	25 %	
3 Fachliches Können					
Arbeitsqualität					
Arbeitsquantität					
Urteilsvermögen und Kontrolle					
Kostenbewusstes Handeln					
4 Führungskompetenz					
Führungsverhalten (bei Führungsaufgaben)					
Mitarbeiterentwicklung (bei Führungsaufgaben)					

Wie Sie Ihre Ziele finden und verwirklichen

Ihrer jetzigen beruflichen Situation fühlen, was Sie bisher geleistet haben, wo Ihre Stärken und Schwächen, Ihre Talente und Fertigkeiten liegen. Somit sind Sie gut vorbereitet für die nächsten Schritte auf Ihrem Weg zum erfolgreichen Selbstmanagement.

In diesem Kapitel erfahren Sie wie Sie Ziele

- definieren,
- verbindlich formulieren und
- effizient umsetzen.

Ziele definieren, statt unwichtige Aufgaben zu erledigen

Warum sind Ziele so wichtig?

Jeden Tag sind wir mit einer Unmenge von Aufgaben konfrontiert, unser Terminkalender quillt über, Kollegen, Vorgesetzte und Kunden schneien mit unvorhergesehenen Anliegen herein. So vergeht Woche um Woche. Nur leider verlieren wir dabei leicht eines aus den Augen: unsere Ziele.

Wir richten unsere Aufmerksamkeit viel zu sehr auf einzelne Aufgaben. Stattdessen müssen wir lernen in Zielen zu denken und unsere Aktivitäten streng nach diesen Zielen auszurichten. Nur so bündeln wir unsere Energien und erreichen das, was wir uns vorgenommen haben.

Darüber hinaus versetzen uns Ziele überhaupt erst in die Lage, unsere Leistung richtig zu beurteilen. Wenn wir für unsere Arbeit keine Messlatte, keinen Richtwert haben, wissen wir auch nicht, ob wir gute oder schlechte Arbeit machen.

Wodurch zeichnen sich Ziele aus?

Ziele sind auf die Zukunft gerichtete Vorstellungen. Um sie zu erreichen, nehmen Sie sich etwas vor und realisieren es auch. Andernfalls sind es keine Ziele, sondern nur Pläne oder Vorsätze.

Wer sich ein Ziel setzt, klärt damit drei, für die Karriere entscheidende Dinge:

1   Wo will ich hin? In welche Richtung will ich mich verändern bzw. entwickeln? Was will ich an mir selbst, in meiner Umgebung ändern?

2   Wie will ich etwas ändern?

3   Wie schnell möchte ich etwas erreichen?

Mit wem stimme ich meine Ziele ab?

Eines ist natürlich klar: Ein Ziel erreichen Sie nicht als Einzelkämpfer. Sie brauchen Menschen, die Sie in Ihren Karrierezielen unterstützen. Die Meinungen anderer Personen, die von Ihren Plänen betroffen sind, müssen Sie kennen. Dazu gehört neben Ihrem Chef selbstverständlich Ihr Lebenspartner. Offenheit ist jetzt notwendig. Es nützt nichts, wenn Sie sich über Ihre beruflichen Pläne Gedanken machen, wenn Ihr Chef ganz andere berufliche Ziele mit Ihnen verfolgt.

Was den Lebenspartner betrifft, so muss dieser sich meist auf mehr Engagement Ihrerseits einrichten. Es ist außerordentlich wichtig, dass Ihr Partner und/oder Ihre Familie bedeutende Entscheidungen mittragen, beispielsweise wenn Sie für ein Jahr ins Ausland gehen müssen. Gerade in schwierigen Situationen können eine gut funktionierende Partnerschaft oder ein harmonisches Familienleben über den beruflichen Erfolg entscheiden.

Ziele finden

Sicherlich kennen Sie Äußerungen wie: „Ich möchte mal ein Buch schreiben" oder: „Ich hätte gerne irgendwann ein eigenes Unternehmen". Solche Wünsche haben wir alle – doch wie ernst meinen wir es damit? Im Prozess der Zielfindung klären Sie, was Sie wollen, wie wichtig bestimmte Wünsche für Sie sind. Bei der Zielfindung erarbeiten Sie Vorstellungen, Richtungen, Ideen für Ihre persönliche Weiterentwicklung.

Wo fange ich an?

Wir haben für Sie vier Fragen formuliert, die Ihnen helfen werden, die ersten Schritte auf dem Weg zu Ihren Zielen einzuleiten. Mit ihrer Hilfe

- haben Sie für sich geklärt, welche Wünsche Sie in welchem Zeitrahmen angehen wollen.
- werden Ihre Wunschvorstellungen geordnet, weil Sie sie auf der Zeitachse platziert haben.
- können Sie alle Ideen und Wünsche, die Sie nicht auf der Zeitachse zuordnen können, bezüglich ihrer Ernsthaftigkeit überprüfen. Möglicherweise handelt es sich hier nur um Luftschlösser.
- erkennen Sie, wohin die persönliche Weiterentwicklung gehen soll.

Die Fragen lauten:

1 Was würde mir in einem Monat/Jahr Spaß machen?

2 Was wird mich in einem Monat/Jahr ärgern bzw. meine Nerven strapazieren?

3 Was will ich in einem Monat/Jahr erreicht haben?

4 Was will ich in einem Monat/Jahr nicht erreicht haben

Was hilft mir bei meiner Zielfindung?

Folgende Instrumente und Vorgehensweisen erleichtern Ihnen die Zielfindung:

Ihre Wünsche, Vorstellungen und Ideen bezüglich Ihrer Weiterentwicklung ermitteln Sie mit Hilfe der Lust-Frust-Bilanz und der Leistungsbilanz. Prüfen Sie, mit was Sie unzufrieden sind und wo Sie sich verändern wollen. Stellen Sie sich konkret den Zeitrahmen vor, in dem Sie Veränderungen vollziehen wollen; so fallen alle Wünsche der Kategorie „wäre vielleicht mal was" oder „könnte interessant sein" durch.

Nutzen Sie auch die Stärken-Schwächen-Analyse aus der Standort-Bestimmung und die Kompetenzbeurteilung für die Zielfindung. In der Stärkenanalyse haben Sie Ihre Stärken notiert und die daraus zu erwartenden Chancen. Prüfen Sie, inwieweit Sie die Chancen realisieren können. In der Kompetenzbeurteilung haben Sie sich hinsichtlich verschiedener Fertigkeiten eingeschätzt. Auch hier überlegen Sie, bei welchen Kompetenzen Sie sich verbessern wollen.

Was soll sich zukünftig verändern?

Erstellen Sie eine Lust-Frust-Bilanz, die in die Zukunft gerichtet ist.

- Sie haben sich die Frage gestellt: Was soll mir in Zukunft (in einem Jahr/Monat) Spaß machen? Tragen Sie die Punkte auf der Lustseite der Lust-Frust-Bilanz ein.

- Die Antworten auf die Frage: „Was wird mich in Zukunft (in einem Jahr/Monat) immer noch nerven, ärgern?" halten Sie auf der Frustseite der Lust-Frust-Bilanz fest.

Lust	Frust

Was will ich zukünftig erreichen?

Ebenso erstellen Sie eine Leistungsbilanz, die in die Zukunft gerichtet ist. Sie überlegen sich dabei folgendes:

- Was möchte ich in einem Jahr/Monat erreichen? Wichtig ist, dass Sie sich darüber klar werden, in welchem Zeitrahmen Sie eine bestimmte Veränderung anstreben. Auf der Erfolgsseite tragen Sie nur Erfolge ein, die erwartbar und realistisch sind.

- Was glaube ich in einem Jahr/Monat nicht zu erreichen? Mit welchen Schwierigkeiten muss ich rechnen? Auf der Misserfolgsseite notieren Sie die Punkte, die Ihnen Ihrer Ansicht nach aus dem Ruder laufen werden bzw. die Sie nicht beeinflussen können. Führen Sie auch auf, welche Ergebnisse Sie objektiv nicht erreichen werden. Stellen Sie darüber hinaus zusammen, was Sie aufgrund äußerer wie innerer Umstände nicht erreichen können.

Erfolg	Misserfolg

Ziele formulieren

Je konkreter und klarer ein Ziel formuliert ist, desto einfacher können Sie es umsetzen. Ein Ziel wird durch folgende Aussagen beschrieben:

- die Absicht, den Zweck der Veränderung
- die Maßnahmen, die Aktivitäten für die Umsetzung des Ziels
- das Ergebnis, den Zustand, der erreicht werden soll
- den zeitlichen Rahmen, bis zu dem die Veränderung umgesetzt wird.

Wozu Ziele formulieren?

- Die Zielformulierung schafft Klarheit für die Zielumsetzung. Es werden Details für die Veränderung definiert.
- Die Zielformulierung beinhaltet den Plan für die Umsetzung Ihrer Ziele. Zielkonflikte werden während der Zielformulierung aufgedeckt und gelöst.

Wie gehen Sie vor?

Um die eigenen Ziele formulieren zu können, beantworten Sie gewissenhaft die vier folgenden Fragenkomplexe:

1 Was bezwecke ich mit einer Veränderung?

Klären Sie im Einzelnen folgende Punkte für sich:

- Die Absicht der Veränderung.
- Was bedeutet die Veränderung für mich?
- Welche Vorteile, welchen Nutzen erwarte ich aufgrund der Veränderung?

2 Wie komme ich dahin?

- Formulieren Sie Maßnahmen für Ihr Ziel
  - Was muss ich machen, damit ich die gesteckten Ziele erreiche?
  - Welche konkreten Aktivitäten und Maßnahmen sind für die Zielerreichung notwendig?

Beispiel:

 Ein Außendienstmitarbeiter ist unzufrieden mit der bisherigen Routenplanung und setzt sich zum Ziel, diese zu verbessern. Er klärt zunächst, an welchen Punkten er ansetzen muss. So wird er etwa die zu viel gefahrenen Kilometer erfassen und seinem Vorgesetzten vorlegen. Da rüber hinaus wird er bei der Terminvereinbarung in etwa wissen, welche Gebiete an welchem Tag angefahren werden sollen, und dies bei der Planung berücksichtigen.

- **Klären Sie konkrete Voraussetzungen: Was brauche ich für die Umsetzung meiner Veränderungen?** Solche Voraussetzungen für eine Zielerreichung können sein:

  - Zeit, z.B. damit Sie sich in ein neues Thema einarbeiten können

  - bestimmte Personen, z.B. ein Mentor, der mit Ihnen Verständnisfragen klärt

  - Geld, z.B. für Bücher, Lehrmaterial, Ausbildungskosten

  - ein Ort, z.B. ein Raum, in dem Sie ungestört lernen können

  - Qualität, z.B. eine offizielle Beurteilung Ihrer Arbeit

  - Quantität, z.B. ein bestimmtes Volumen für eine offizielle Anerkennung Ihrer Leistung.

- **Stecken Sie Ihren Einflussbereich ab:** Ist es möglich, die erforderlichen Voraussetzungen zu schaffen? Die Bereitstellung der Voraussetzungen liegt manchmal außerhalb Ihres Einflussbereiches. Sie sind dann auf eine dritte Person angewiesen. Es ist deshalb sehr wichtig, dass Sie sich bereits bei der Zielformulierung Gedanken machen, welche Voraussetzungen notwendig sind. Falls es nicht möglich ist, die Voraussetzungen bereitzustellen, werden Sie dieses Ziel nicht realisieren. Das bedeutet, dass Sie das Ziel entweder auf später verschieben müssen oder dass Sie dieses Ziel anpassen oder ganz aus Ihrer Wunschliste streichen müssen.

3 Wo will ich hin?

- **Wohin soll die berufliche Entwicklung führen?** Was ist das Ergebnis, der Zustand, den ich mit der Veränderung erreichen möchte? Sie machen sich Gedanken, wohin Sie sich entwickeln wollen. Was sind die Ergebnisse Ihrer Entwicklung? Entwicklung ist unabdingbar mit Zielen verbunden, die mit Ihnen als Mitarbeiter vereinbart werden. Die Ziele können sowohl aufgabenorientiert wie auch beziehungsorientiert sein. Welchen Inhalt sie genau annehmen, hängt selbstverständlich von Ihren gesteckten Zielen ab. Wir empfehlen deshalb, mit Ihrem Vorgesetzten Ihre Überlegungen abzustimmen.

- **Welche Rolle spielen persönliche Ziele?** Das ist der persönliche Aspekt. Jede Person hat selbstverständlich eigene persönliche Ziele. Je enger diese mit den unternehmerischen zur Deckung gebracht werden, desto eher werden sie auch erreicht. Berufliche Entwicklung und persönliche Ziele können Sie nur über offene Gespräche mit Ihrem Vorgesetzten und sonstigen beteiligten Personen (z.B. Ihrem Lebenspartner) in Einklang bringen.

4 Bis wann will ich mein Ziel erreicht haben?

Zuletzt bestimmen Sie noch, in welchem Zeitrahmen Ihr Ziel verwirklicht werden soll:

- Bis wann soll die Veränderung umgesetzt werden?
- Ab wann werden Aktivitäten und Maßnahmen greifen?

5 Ziele formulieren im ZIEL–Schema

Das Ziel-Schema gibt Ihnen einen Eindruck davon, welche Punkte die Zielformulierung ganz konkret beinhaltet. Es hilft Ihnen dabei Ihre Gedanken zu strukturieren.

Die Bedeutung von ZIEL

Zweck	Zu welchem Zweck machen wir das? Was habe ich davon? Was bedeutet das für uns?
Inhalt	Was brauche ich dazu? Methoden, Vorgehensweisen, Personen, Maßnahmen und Aktivitäten, Voraussetzungen; Wie und womit?
Ergebnis	Ein messbarer und überprüfbarer Zustand Erfolgskriterien? Erfolgskriterien?
Länge	Wie lange?

Beispiel:

Zweck	ungestörtes Arbeiten zu gewissen Blockzeiten ermöglichen
Inhalt	mittels Telefonumleitung von 12:00 bis 14:00 Uhr und aktueller Tagesplanung und Wochenplanung schaffe ich mir Freiräume und ...
Ergebnis	Aufgaben, die eine hohe Konzentration erfordern, können bearbeitet werden
Länge	ab sofort

ZIEL steht dabei für

- Zweck
- Inhalt
- Ergebnis
- Länge

und deckt damit die vier Bereiche ab, die Sie benötigen, um ein Ziel zu verwirklichen. Mit dem Ziel-Schema erhalten Sie gleichzeitig einen kompakten Überblick über die Planung Ihrer Ziele.

Das Ziel-Schema lässt sich auch für weitere Anwendungsbereiche einsetzen:

- zur Klärung für sich und mit Ihrem Vorgesetzten, bevor Sie eine neue Funktion übernehmen;
- zur Vorbereitung und klareren Sachargumentation im Fördergespräch mit dem eigenen Vorgesetzten oder mit dem eigenen Mitarbeiter;
- für die Festlegung von klaren Abmachungen mit neuen Mitarbeitern für die Probezeit und danach;
- bei problematischen Mitarbeitern, um mit Ihnen die Bereitschaft zur Mitarbeit zu klären, z. B. mit Mitarbeitern mit Alkoholproblemen, bei Leistungsabfall, vor Abmahnungen;
- bei Mitarbeitern, die sie übernehmen müssen (bevor Sie sie übernehmen).

Ziele realisieren mittels Aktivitätenliste

Sie haben Ihre Ziele gefunden und formuliert. Dann beginnt jetzt die eigentliche Arbeit: sie umzusetzen. Andernfalls sind es keine Ziele, sondern nur Vorsätze. Damit Sie sich tatsächlich verändern und Ihre Ziele erreichen, arbeiten Sie mit einer Aktivitätenliste, in der Sie alle zur Zielerreichung notwendigen Aufgaben festhalten (siehe auch den Abschnitt „Aktivitätenliste" im Kapitel „Wie Sie Ihre Zeit richtig managen").

Wozu eine Aktivitätenliste?

- Sie behalten stets den Überblick über alle anstehenden Aufgaben. Außerdem können Sie mit Hilfe dieses Instruments Ihre Aktivitäten besser überwachen und kontrollieren.

- Ihre Planung wird Realität und muss allen Widrigkeiten, die von außen auf Sie zukommen, standhalten.

- Jeder Mitarbeiter, jede Person ist in ein Tagesgeschäft eingebunden. Veränderungen und Entwicklungen müssen Sie zusätzlich in Ihren jetzigen Tages- und Wochenablauf einbauen. So stellen Sie sicher, dass Sie die gesteckten Ziele auch wirklich umsetzen.

Wie gehen Sie vor?

1 Aktivitäten planen und Prioritäten setzen

Sie stellen alle Aktivitäten, die Sie in der Zielformulierung definiert haben, zusammen. Sie überprüfen die einzelnen Aktivitäten bezüglich ihrer logischen Abhängigkeiten und bringen die einzelnen Aktivitäten in die Reihenfolge, wie sie anschließend abgearbeitet werden. Sie erstellen einen Ablaufplan/Netzplan. Ein Engpass könnte für Sie selbst die zur Verfügung stehende Zeit sein, weil Sie z.B. neben Ihrem normalen Job nur zehn Stunden pro Woche für Ihre Weiterentwicklung zur Verfügung haben. Sie können die Aufgaben nur nach und nach abarbeiten.

Einen weiteren Engpass können die Voraussetzungen für die Umsetzung bestimmter Ziele bilden. Oft liegt die Bereitstellung solcher Voraussetzungen nicht in Ihrem Einflussbereich. Sie sind hier auf die Unterstützung von außen angewiesen. Damit die Bereitstellung der Voraussetzungen Sie nicht zu stark in der Zielumsetzung blockiert, planen Sie notwendige Aufgaben mit entsprechender Pufferzeit ein.

2 Aktivitätenliste überwachen und aktualisieren

Sie erstellen eine Liste, auf der Sie die einzelnen Aktivitäten und dazugehörigen Daten wie Priorität oder beteiligte Personen notieren. Mit Hilfe dieser Aktivitätenliste können Sie die Umsetzung aller Maßnahmen überwachen. Aktualisieren Sie die Liste in regelmäßigen Abständen.

Diese Liste eignet sich für dieselben Anwendungsbereiche, die für das Zielschema genannt wurden:

- Klärungsgespräche mit Ihrem Vorgesetzten,
- Fördergespräche mit Ihrem Vorgesetzten oder mit eigenen Mitarbeitern,
- Abmachungen mit neuen oder übernommenen Mitarbeitern,
- Abmachungen mit problematischen Mitarbeitern.

Die Auflistung der Aktivitäten verschafft Transparenz.

Datum	Priorität	Aktivität	Bis wann?	Wer?	Ok?

Daneben können Sie die Aktivitätenliste einsetzen für eine detaillierte Aufgabenverteilung

- im Rahmen von Projektmanagement,
- im Rahmen von Teamarbeit und Coaching.

Veränderungsprozesse und ihr Verlauf – die Prozesskurve

Es ist alles in Bewegung. Veränderung ist angesagt – in vielen Lebensbereichen. Es gibt kaum jemanden, der sich nicht von Veränderungen betroffen fühlt. Das Einzige, was Bestand hat, ist der Wandel selbst.

In vielen Trainings und Seminaren fanden wir heraus, dass es eine Möglichkeit gibt, den Verlauf von Veränderungen in ihrem Ablauf darzustellen. Diese Darstellung macht den Ablauf berechenbarer und sicherer und Sie sind weniger überrascht über die unterschiedlichen Erfahrungen.

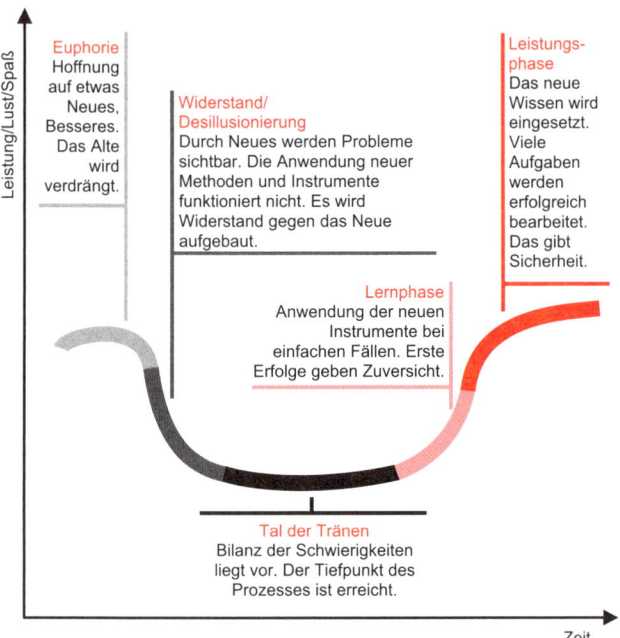

Der Prozessverlauf im Überblick

Wir werden zuerst die Vorteile und dann die Inhalte der Phasen des Veränderungsprozesses darstellen.

Wer den Prozessverlauf kennt, hat Vorteile und ...

- kann sich an ihm orientieren und sein Handeln danach ausrichten. Er handelt nicht unkontrolliert,

- erkennt bestimmte Gefühlsentwicklungen und begegnet diesen wirkungsvoll,

- kann den anderen Betroffenen helfen, die Entwicklungen transparent zu machen. Auch sie lernen mit den Entwicklungen umzugehen.

Die Phasen des Veränderungsprozesses

1 Euphoriephase

Am Beginn einer Veränderung und von etwas Neuem steht meist eine Euphoriephase. Diese Phase ist vor allem durch die Hoffnung gekennzeichnet, dass jetzt alles anders wird, einfacher wird etc. Die Beteiligten freuen sich in der Regel auf die Verbesserungen. Sie glauben, dass mit Hilfe der Veränderung bestehende Probleme gelöst werden. Häufig besteht der Eindruck, dass von jetzt an alles besser wird und alle Probleme sich schlagartig lösen werden.

2 Desillusionierungsphase

An die Euphorisierungsphase schließt sich die Desillusionierung an. Es wird klar, dass das neue Wissen, das neue Instrument noch nicht so einfach eingesetzt werden kann. Es wird gleichzeitig auch klar, dass in der Vergangenheit Fehler gemacht wurden. Deutlich wird, dass das neue Instrument, das neue Verhalten oder die neue Situation doch noch nicht beherrscht wird und alles nicht so einfach ist – im Gegenteil.

Gleichzeitig erfolgt ein dauerndes Hinterfragen des Bisherigen. Das führt dazu, dass auch bisher bekannte Aufgaben schlechter oder mit mehr Widerstand ausgeführt werden können. In der Desillusionierungsphase werden mehr Fehler gemacht, es wird alles hinterfragt und es werden die Zusammenhänge weniger klar.

Kritisch ist hier, dass übervorsichtige und negativ denkende Menschen (Negaholiks oder Awfulizer = problemsuchende und nicht so sehr lösungsorientierte Menschen) in der Desillusionierungsphase bereits jetzt abbrechen wollen: Es kommen Aussagen wie: „Sehen Sie, ich sagte es ja schon vorher.", „Immer wieder was Neues.", „Man kommt ja gar nicht zum Arbeiten.", „Früher war das alles einfacher und ich weiß nicht, warum man alles so kompliziert machen muss."

Es tritt aber auch der Posiholik auf (Wortbildung von „positiv"). Dieser sieht nicht die Schwierigkeiten, die im Einzelnen auftauchen werden. Er sieht jegliche Veränderung von vorne herein als positiv an. Er sieht die Chancen und nicht so sehr die Risiken. Er sieht vor allem: Das ist etwas Neues, etwas „Tolles". Es fallen Worte und Sätze wie „Super!", „Kein Problem, das schaffen wir schon!", „Man muss einfach irgendwo einmal anfangen!", „Wir wollen doch nach vorn blicken!", „Was nützt es, immer nur nachzudenken, man muss auch etwas tun!"

3 Tal der Tränen

Der Tiefpunkt ist erreicht. Dem Betroffenen ist klar, dass er die Instrumente, Verhaltensweisen und Situationen noch nicht beherrscht, er hat aber Zuversicht, dass er es schafft. Es wird klar, dass das Können noch nicht da ist, dass es jedoch möglich ist, schrittweise und unter Anleitung dieses Wissen und diese Instrumentarien anzuwenden. Diese Phase kennzeichnet das Prüfen des Instrumentes in der Anwendung, wenn es der andere vormacht. Die Sammlung aller bestehenden Probleme und Schwierigkeiten ist gemacht und diese gilt es nun zu ordnen und deren Bearbeitung mit Hilfe von To-Do-Listen festzulegen.

4 Lernphase

Es folgt die Lernphase, in der wieder mehr Zuversicht herrscht. In der Lernphase werden definitiv neue Verhaltensweisen, Instrumente oder Situationen angewendet – es herrscht allerdings noch Unsicherheit.

Die Instrumente werden angewendet und ausprobiert. Er ist sich selber noch unsicher, in welchen Situationen er sie anwenden kann. Wenn kritische Situationen auftauchen, hat er Mühe. Die Anwendung ist hier beschränkt auf einfache und klare Situationen. Der Lernende weiß, dass er hier noch nicht alles genau überblickt und unsicher ist.

5 Leistungsphase

Die letzte Phase ist die Leistungsphase. In der Leistungsphase werden das neue Wissen, Instrumente oder Verhaltensweisen umgesetzt und es macht dem Beteiligten wieder Spaß. Der Lernende ist in sich selber sicherer geworden. Er weiß, dass er jetzt wirklich etwas gelernt hat, was umsetzbar und praktikabel ist. Jetzt ist wieder Luft, eine neue Aufgabe zu lernen.

Warum ist es wichtig, den Prozessverlauf zu kennen?

- Wer den Prozessverlauf kennt, kann sich an ihm orientieren. Das Wissen über den Verlauf einer Veränderung erleichtert es, bei eigener Hilflosigkeit durch das „Tal der Tränen" nach vorne zu gehen. Es ist möglich, für sich bestimmte Extremsituationen zu definieren, die man durchschreiten will. Aufgrund dieser Definition erhält der Planende Kontrolle über sein Handeln in Extremsituationen.

- Wer den Prozessverlauf kennt, kann bestimmte Gefühlsentwicklungen erkennen und diesen wirkungsvoll begegnen.

- Wenn der Prozess den in der Zukunft davon Betroffenen dargestellt wird, werden ihnen bestimmte Entwicklungen transparent. Das hilft den Betroffenen, ebenfalls mit diesen Entwicklungen umzugehen.

Wie kann ich das Prozessmodell einsetzen?

Das Prozessmodell kann bei jeder Veränderung angewendet werden. Es ist hierbei unerheblich, ob dies eine Veränderung in Ihrem privaten oder in Ihrem beruflichen Umfeld betrifft, ob diese Veränderung eine einzelne Person oder eine Gruppe von Personen betrifft. Wenn Sie unsicher sind, reflektieren Sie einfach den Ablauf einer Veränderung aus Ihrem Umfeld, z. B. Ihr letzter Arbeitsplatzwechsel, Ihr letzter Umzug etc.

Wir haben in der Realisierung eigener Veränderungsprozesse und in der Begleitung vieler Veränderungen folgende Hilfen für uns eingesetzt:

- Möglichst genau das Ziel für den Veränderungsprozess selbst formulieren.
- Für jede Phase des Veränderungsprozesses formulieren:
  - das Ziel, die Aufgaben, die in dieser Phase zu bearbeiten sind und
  - die Verhaltensweisen, die die Bearbeitung dieser Phase unterstützen.

Wo ist das Prozessmodell besonders wichtig?

Es ist insbesondere bei großen strukturellen Veränderungen (Fusion, strategische Allianz, Zusammenlegung von Abteilungen) notwendig, diesen Prozessablauf von vornherein aufzuzeigen.

Es ist absolut notwendig, die Meilensteine dieser Veränderungen aufzuzeigen. Dadurch macht eine Unternehmensführung oder eine Führungseinheit deutlich, was die Merkmale der Veränderungen sein werden.

Sie erklären, welche Instrumente für die Veränderungen eingesetzt werden. Die Beteiligten können abschätzen, was das Resultat dieser Veränderungen für jeden einzelnen auf der fachlichen wie auf der persönlichen Ebene bedeuten wird.

Diese Transparenz trägt schließlich dazu bei, dass alle Beteiligten die Veränderungen akzeptieren.

Unzweifelhaft werden Veränderungen immer wieder notwendig sein. Wir können sie nicht einfach wegschieben. Daher halten wir es auch für notwendig, diese Veränderungen klar aufzuzeigen. Mit einer solchen Argumentation machen Sie deutlich, dass Sie den Prozessverlauf im Griff haben und klar vorhersehen, was wichtig ist.

Wie Sie Ihre Zeit richtig managen

Das persönliche Zeitmanagement ist eine sehr wichtige Komponente für ein erfolgreiches Selbstmanagement.

Lesen Sie in diesem Kapitel, wie Sie

- Leistungsfresser unter Kontrolle bekommen,
- Wichtiges von Dringendem unterscheiden,
- ein Arbeitsprotokoll führen, um Ihren Zeitbedarf zu ermitteln,
- richtig Prioritäten setzen,
- Ihren Tag sinnvoll planen,
- Zeitplaner und einfache Hilfsmittel nutzen und
- Stress wirksam bewältigen.

Wozu Zeitmanagement?

Je mehr Zeit Sie für die wesentlichen Dinge nutzen können, umso besser sind Ihre Resultate. Das setzt voraus, dass Sie zum einen die wesentlichen Dinge und die unwesentlichen Dinge als solche identifizieren. Zweitens gilt es, Ihre Zeit für die wesentlichen Dinge zu nutzen und so wenig Zeit wie möglich mit unwesentlichen Dingen zuzubringen.

Die folgenden Instrumente werden Ihnen in vielen Situationen helfen sich zu organisieren und damit zu höherer Wirksamkeit gegenüber sich selbst, Ihren Vorgesetzten, Kollegen und, falls Sie eine Führungsfunktion haben, gegenüber Ihren Mitarbeitern zu kommen.

Die Vorteile konsequenten Zeitmanagements

- Konzentration auf das Wesentliche
- Reduzierung von Verzettelung
- Unterscheidung zwischen wichtigen und weniger wichtigen Vorgängen
- Entscheidung über Prioritätensetzung und Delegation
- Ausschaltung von Vergesslichkeit
- Rationalisierung durch Aufgabenbündelung
- Abbau und Handhabung von Störungen und Unterbrechungen
- Abbau von Stress und Nervenverschleiß
- Gelassenheit bei unvorhergesehenen Ereignissen
- Selbstdisziplin in der Aufgabenerledigung

- Planung des bevorstehenden Tages
- Ordnung des Tagesablaufes
- Überblick und Klarheit über die Tagesanforderungen
- Bessere Einstimmung auf den nächsten Arbeitstag
- Verbesserung der Selbstkontrolle
- Zeitgewinn durch methodisches Arbeiten („Goldene Stunde")
- Erfolgserlebnisse am Tagesende
- Erreichung der Tagesziele
- Höhere Zufriedenheit und Motivation
- Steigerung der Leistungsfähigkeit

Leistungsfresser erkennen und eliminieren

Die beste Organisation nützt nichts, wenn die Leistungsfresser nicht unter Kontrolle sind. Wir nennen sie Leistungsfresser, weil die Zeit unabhängig und unbeeinflussbar ist. Was Ihnen an Leistung genommen wird, lässt sich danach nicht wieder hinzufügen. Doch können wir Leistungsfresser mit Verhaltensänderungen in den Griff bekommen.

Leistungsfresser sind meistens Personen oder Tätigkeiten, die viel Zeit in Anspruch nehmen, uns unglaublich auf die Nerven gehen und uns am Ende mit wenigen Ergebnissen frustriert zurücklassen. Sie können Leistungsfresser jedoch leicht ausschalten, indem Sie einen Selbsttest durchführen.

- Er hilft Ihnen, unangenehme Störfaktoren zu erkennen. Sie lassen es dann nicht mehr zu, dass diese Störer Sie unterbrechen oder Ihre Arbeit blockieren.

- Sie ärgern sich nicht immer wieder über dasselbe Problem.

Wie gehen Sie vor?

Damit Sie die Leistungsfresser eliminieren können, müssen Sie zuerst eine Selbstanalyse durchführen. Sie fragen sich dabei offen und ehrlich, für welche Aufgaben oder Personen Sie viel Zeit und Nerven investieren, ohne dabei irgendetwas Produktives herauszuholen.

Nutzen Sie dafür den folgenden Selbsttest.

Der Selbsttest ermittelt Ihre großen Leistungsfresser. Kreuzen Sie die 3 Leistungsfresser an, die bei Ihnen am einfachsten zu eliminieren sind. Was werden Sie tun um diese zu eliminieren?

Selbsttest: Leistungsfresser

Ermittlung der Leistungsfresser	trifft zu
Zeitplanung und Arbeitsmethodik	
Eigene unklare Zielsetzung	
Keine oder nur wenig Tagesplanung	
Versuch, zu viel auf einmal zu tun	
Keine Aktivitätenliste	
Spontane Prioritäten	

Persönlicher Arbeitsstil

- Überhäufter Schreibtisch
- Defizitäre Ablage (Struktur/Inhalt)
- Viel Papierkram und Lesen
- Viele Aktennotizen
- Selber viel Detail-/Faktenwissen wollen

Störungen durch andere

- Häufige telefonische Unterbrechungen
- Spontane, unangemeldete Besucher
- Langwierige, ergebnislose Besprechungen
- Ablenkung, Lärm
- Privater Schwatz

Persönliche Schwachstellen

- Hast, Ungeduld
- Geringe Selbstmotivation
- Eigene Unfähigkeit „Nein" zu sagen
- Fehlende Selbstdisziplin
- Aufschieberitis, Unentschlossenheit

Innerbetriebliche Zusammenarbeit

- Mangelnde Koordination/Teamwork
- Zu wenig Delegation
- Unvollständige, verspätete Information
- Zu viel und unpräzise Kommunikation
- Wartezeiten (z. B. bei Terminen)

Wenn Sie sich jetzt die Checkliste ansehen, dann werden Sie feststellen, dass Sie sich bei bestimmten Personen oder Tätigkeiten viel Leistung (= Arbeitszeit) von anderen oder von sich selbst „fressen" oder „stehlen" lassen. Verhindern Sie dies, indem Sie Ihre Zeit nach Ihren Bedürfnissen und Zielen planen und sich Zeit nicht „wegnehmen" lassen. Lassen Sie die Leistungsfresser aus Ihrem Leben verschwinden, indem Sie sie identifizieren und eliminieren. Das Leben wird sonst noch hektischer! Es ist Ihre einzige Zeit! Sie erhalten Ihre Zeit nicht noch einmal in Ihrem Leben!

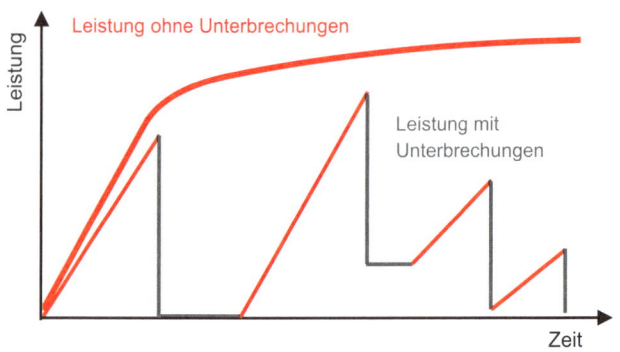

Leistungskurve mit und ohne Unterbrechungen

Jede Unterbrechung während der Bearbeitung einer Aufgabe verringert Ihre Leistung und kostet Sie Geld. Nachdem die Unterbrechung vorbei ist, müssen Sie sich erneut in die Aufgabe hineindenken. Sie können erst nach dieser Aufwärmphase an dem Punkt weitermachen, an dem Sie vorher unterbrochen wurden.

Das Eisenhower-Prinzip: Was ist wichtig, was ist dringlich?

Eine wichtige Hilfe bei der Zielplanung ist das Eisenhower-Prinzip: die Unterscheidung in Dringlichkeit einerseits und Wichtigkeit andererseits. Nicht alles, was dringlich ist, ist auch wichtig! Jeder kennt die Situation, dass derjenige, der am lautesten schreit oder am einflussreichsten ist, am ehesten bedient wird – und sei es nur, um ihn zur Ruhe zu bringen. Dies ist eine für die eigene Zielverfolgung gefährliche Sache. Schließlich müssen Sie Ihre Angelegenheiten unter Kontrolle halten, und nicht der lauteste Störer.

- Mit der Klärung von wichtigen und/oder dringenden Dingen (Aufgaben, Entscheidungen, etc.) steigern Sie Ihre Effektivität. Effektiv sein, bedeutet die richtigen Dinge zu tun.

- Die wichtigen Dinge sind entweder dringend oder nicht dringend. Sie müssen sie also entweder sofort bearbeiten oder planen.

- Die Priorisierung (Wichtigkeit) verhindert, sich mit Unwichtigem zu verzetteln, und hilft, dass die wichtigen Dinge nicht vergessen werden.

Wie gehen Sie vor?

Mit Hilfe des Eisenhower-Prinzips entscheiden Sie sofort, ob Sie die Aufgabe sofort, später oder gar nicht bearbeiten. Je nach hoher und niedriger Dringlichkeit und Wichtigkeit einer Aufgabe können Sie sehr einfach den Zeitpunkt der Bearbeitung einer Aufgabe festlegen.

Wichtigkeit und Dringlichkeit sind unabhängig voneinander

Das Eisenhower-Prinzip sagt Ihnen, was wirklich wichtig ist:

Eisenhower-Prinzip: Vier Quadranten

	dringlich	nicht dringlich
wichtig	**A-Aufgaben** selbst machen Quadrant der Notwendigkeit	**B-Aufgaben** Planen/Delegieren Quadrant der Qualität
unwichtig	**C-Aufgaben** <5 Min. selbst machen Quadrant der Täuschung	sofort wegwerfen Quadrant der Verschwendung

- Aufgaben, die wichtig und dringlich zugleich sind, bringen Ihnen bei guter und rechtzeitiger Bearbeitung sehr viele Vorteile. Diese Aufgaben müssen Sie selber und sofort erledigen.

- Aufgaben, die zwar für Sie wichtig, aber (noch!) nicht dringlich sind, müssen Sie planen und später erledigen. Gegebenenfalls können Sie sie delegieren und frühzeitig kontrollieren.

- Aufgaben, die zwar dringlich, aber für Sie selbst nicht wichtig sind, müssen Sie sofort selber erledigen, wenn Sie dafür weniger als 5 Minuten benötigen. Sie können sie aber z. B. auch dann erledigen, wenn Sie auf jemanden warten.

- Von Aufgaben, die weder wichtig noch dringlich sind, dürfen Sie sich nicht die Zeit rauben lassen. Werfen Sie sie in den Papierkorb. Oft erledigen sich solche Dinge von selbst.

Das Arbeitsprotokoll

Viele fühlen sich am Abend oder am Wochenende ausgelaugt und müde und haben trotzdem das Gefühl, wenig erreicht und geleistet zu haben. Hier leistet das Arbeitsprotokoll gute Hilfe: Es gibt Ihnen genaue Auskunft darüber, was Sie an welchem Tag wann und wo getan haben.

Wozu ein Arbeitsprotokoll?

- Das Arbeitsprotokoll verschafft Ihnen einen Überblick, wo eigentlich Ihre Zeit geblieben ist.

- Mittels eines Arbeitsprotokolls können Sie feststellen, ob und wo Sie Ihre Prioritäten hatten.

- Sie können überprüfen, ob die Prioritäten mit Ihren eigenen Absichten und Zielen übereingestimmt haben.

Wie gehen Sie vor?

Schreiben Sie an zwei festgelegten Tagen genau auf, was Sie alles machen. Wenn Sie das Arbeitsprotokoll jedes Jahr nur einmal einsetzen, erhalten Sie sehr schnell Klarheit, ob Sie Ihren Prioritäten folgen oder nicht.

Das Arbeitsprotokoll macht transparent, wo Ihre Zeit bleibt.

Arbeitsprotokoll

Datum: _____ Ziele: _____										
08.00	5	10	15	20	25	30	35	40	45	50	55
09.00	5	10	15	20	25	30	35	40	45	50	55
10.00	5	10	15	20	25	30	35	40	45	50	55
11.00	5	10	15	20	25	30	35	40	45	50	55
12.00	5	10	15	20	25	30	35	40	45	50	55
13.00	5	10	15	20	25	30	35	40	45	50	55
14.00	5	10	15	20	25	30	35	40	45	50	55
15.00	5	10	15	20	25	30	35	40	45	50	55
16.00	5	10	15	20	25	30	35	40	45	50	55
17.00	5	10	15	20	25	30	35	40	45	50	55
18.00	5	10	15	20	25	30	35	40	45	50	55
19.00	5	10	15	20	25	30	35	40	45	50	55

Notieren Sie:

- Besprechungen
- Verkaufen
- Telefonieren
- Plaudern und Zeit vergehen lassen
- Chef
- Verwaltungsaufgaben
- Beziehungsarbeit
- Unterbrechung (= Störung)
- Pause

Erst A, dann B, dann C

Wollen wir unsere Ziele erreichen, ist es wichtig, Prioritäten zu setzen. Wie häufig verzetteln wir uns und vertrödeln unsere Zeit mit Kleinigkeiten! Am Ende des Tages fragen wir uns, was wir eigentlich gemacht haben. Priorität bedeutet, dass etwas Vorrang hat. In der Regel setzen wir Prioritäten in drei Stufen: A, B und C. Erledigen wir erst die Aufgaben mit A-Priorität, erreichen wir hier das beste Ergebnis, die größte Leistung, den größten Erfolg.

Machen Sie sich Folgendes klar:

- Mit ca. 15 % Ihres Einsatzes an Zeit erreichen Sie etwa 65 %, d.h. zwei Drittel Ihrer Ergebnisse. Dies sind Ihre A-Aufgaben.

- Mit weiteren ca. 20 % Ihres Einsatzes an täglicher Arbeits-
  zeit erreichen Sie gerade noch 20 % Ihrer Leistung. Beim
  Bearbeiten einer B-Priorität erhalten Sie gerade das als
  Output, was Sie an Anstrengung hineinstecken.

- Wenn Sie C-Prioritäten erledigen, erhalten Sie nur einen
  Bruchteil an Ergebnissen. Allerdings bringen Sie 65 % Ihrer
  Zeit damit zu, gerade noch 15 % Ihrer Ergebnisse zu er-
  zielen (C-Aufgaben).

> Nutzen Sie Ihre Zeit optimal für A-, B- und C-Aufgaben. Dann erreichen
> Sie ein hundertprozentiges Ergebnis. Verbringen Sie aber auf keinen Fall
> den größten Teil Ihrer Zeit mit C-Aufgaben. Dann kommen Sie nie auf
> hundert Prozent Leistung!

Wie setze ich Prioritäten?

Ordnen Sie alle verrichteten Aufgaben Ihres Arbeitsprotokolls
nach der Reihenfolge des Wertes, d.h. ihrer Wichtigkeit (nicht
aber ihrer Dringlichkeit):

1 A–Aufgaben vorrangig behandeln!

Die oberen 15 % der Aufgaben sind die A-Aufgaben, d.h. es
sind jene Aufgaben, denen Sie täglich auch etwa 15 % Ihrer
Zeit geben sollten. Die Aufgaben haben in der Planung der
Zeit absoluten Vorrang. Sie erzielen mit diesen eine hohe
Effizienz (ca. 65 % Ihrer Leistung).

2 B–Aufgaben auch delegieren!

Die mittleren Aufgaben, die B-Aufgaben, machen 20 % der
bearbeiteten Aufgaben aus. Bei den B-Aufgaben bedenken

Sie, welche Sie selber bearbeiten und welche delegiert werden können. Sie dürfen keineswegs aufgrund von B-Aufgaben die A-Aufgaben vernachlässigen. Für die B-Aufgaben sollten Sie ca. 20 % der Arbeitszeit einplanen.

3 C-Aufgaben sind Routine

Die restliche Arbeitszeit (65 %) planen Sie für die Erledigung der täglichen Routineaufgaben ein. Auch diese Zeit müssen Sie versuchen einzuhalten, denn sie dient der Abwicklung von Detailgeschäften. Je mehr C-Aufgaben Sie aufschieben können, desto besser! Sie erledigen sich unter Umständen von selbst. Denken Sie immer daran: Wichtigkeit geht vor Dringlichkeit.

4 Prioritäten erkennen mit der ABC-Analyse

Prioritätensetzung: Leistung / Wirkung / Gewinn / …

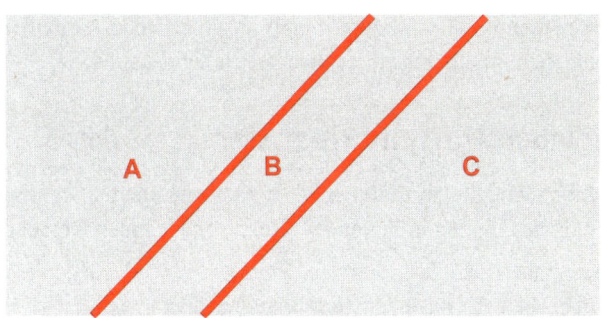

Prioritäten: Aufwand / Ziele / Mitarbeiter / Kunden / Produkte

ABC-Analyse

- 15 % der Aufgaben sind A-Aufgaben, bewirken 65 % an Ertrag und brauchen ca. 15 % der eigenen Zeit

- 20 % der Aufgaben sind B-Aufgaben, bewirken 20 % an Ertrag und brauchen ca. 20 % der eigenen Zeit

- 65 % der Aufgaben sind C-Aufgaben, bewirken 15 % an Ertrag und brauchen ca. 65 % der eigenen Zeit

Die ABC-Analyse zeigt, dass Sie immer einen kleinen Teil des Tages für wichtige Aufgaben reservieren müssen, sonst verzetteln Sie sich im operativen Durcheinander.

Stille Stunde

Was ist das?

Die stille Stunde (Goldene Zeit, Ich-Zeit) ist die Zeit – wie der Name schon sagt – mit der Dauer von einer Stunde, die Sie sich nehmen, um strategische und anspruchsvolle Aufgaben anzugehen. In dieser Zeit lassen Sie sich nicht stören.

Welchen Nutzen bringt sie?

- Aufgaben, die sorgfältig und in Ruhe bearbeitet werden müssen, können in der stillen Stunde angegangen werden.

- Sie haben sich Zeit reserviert, um sich z. B. erste Gedanken über Ziele für das nächste Jahr zu machen.

- Sie haben Gelegenheit, sich beispielsweise ein möglichst objektives Bild über ... zu machen.

- Sie können diese Zeit nutzen, um sich Ihre Meinung bezüglich einer Sache, die Sie mit sich herumtragen und Sie immer wieder Zeit und Energie kostet, zu bilden.
- Sie arbeiten konzentrierter, schneller und fehlerfreier.

Wie gehen Sie vor?

- Reservieren Sie sich konsequent mindestens einmal pro Woche (bestenfalls täglich) eine stille Stunde.
- Damit Sie auch wirklich nicht gestört werden, planen Sie diese Zeit idealerweise am Anfang oder am Ende einer Arbeitsphase ein oder wenn Sie am wenigsten gestört werden.
- Wir empfehlen, an die frische Luft zu gehen, wenn sie die Möglichkeit dazu haben. Frische Luft ist ein ideales Umfeld für die Bearbeitung von schwierigem Gedankenmaterial.

Planen Sie den Tag mit ALPEN!

Eines der wichtigsten Instrumente für effektives Arbeiten ist der Tagesplan. Ein realistischer Tagesplan enthält grundsätzlich nur das, was Sie an diesem Tag erledigen wollen, müssen und vor allem auch können! Je mehr Sie die gesetzten Ziele für erreichbar halten, umso mehr mobilisieren Sie auch Ihre Kräfte und konzentrieren sie darauf, diese Ziele zu erreichen.

Wozu Tagespläne?

- Sie enthalten alle Aktivitäten, die Sie an einem Tag abarbeiten wollen. Sie müssen Sie in der verfügbaren Zeit erledigen können.

- Sie verschaffen Ihnen einen schnellen Überblick und stellen sicher, dass Sie nichts vergessen.

- Sie konzentrieren den Blick auf das Wesentliche. Damit bannen Sie die Gefahr, sich zu verzetteln!

Was bedeutet Tagesplanung nach der ALPEN-Methode?

Gerade wenn Sie meinen, in Arbeit zu ersticken, resignieren Sie nicht! Gehen Sie nach der ALPEN-Methode vor.

Die ALPEN-Methode hilft Ihnen, Ihren Tag systematisch zu planen, und zwar in fünf Stufen. Die Methode ist relativ einfach und erfordert nach einiger Übung nicht mehr als durchschnittlich fünf bis zehn Minuten tägliche Planungszeit.

Sie ist darüber hinaus leicht zu behalten, da ihre Anfangsbuchstaben einen gegenständlichen Begriff wiedergeben.

Die ALPEN-Methode hilft der Übersicht:

Alles aufschreiben

Länge schätzen

Pufferzeiten einplanen

Entscheiden: Priorität

Nachkontrolle

ALPEN-Methode

1 Alles aufschreiben:
Sammeln Sie alle Aktivitäten. Dazu gehören Aufgaben, Termine, Tagesarbeiten, Unerledigtes.

2 Länge schätzen:
Für alle Tätigkeiten schätzen Sie den Zeitbedarf.

3 Pufferzeiten einplanen:
Es gilt die Regel, dass Sie nur 60 % Ihrer Tageszeit fix verplanen und 40 % Ihrer Tageszeit für Unvorhergesehenes reservieren (60 : 40-Regel). Wenn Ihnen dies zu hoch gegriffen erscheint, arbeiten Sie zunächst eine Zeitlang mit dieser Regel und prüfen Sie dann, welcher Quotient Ihrer Erfahrung nach für Sie richtig ist.

4 Entscheidung Priorität:
Setzen Sie Prioritäten, kürzen Sie Besprechungen, delegieren Sie Aufgaben und Termine.

5 Nachkontrolle:
Am Ende eines Arbeitstages oder einer Woche überprüfen Sie Ihren Tagesplan. Alle unerledigten Aufgaben übertragen Sie entweder auf einen der kommenden Tage oder in Ihre Aktivitätenliste (siehe auch das folgende Kapitel „Zeitplaner").

Zeitplaner

Zeitplaner, egal ob elektronische Organizer oder Terminplaner in Buchform, sind weit mehr als einfache Terminkalender. Sie sind ein Führungsinstrument für die Zeit- und Zielplanung. Ein Zeitplaner enthält Termine, Aktivitätenlisten, Prioritäten, Tagespläne, Wochen- und/oder Monatsübersichten, Jahresübersichten und sonstige wichtige Informationen. Zeitplaner lassen sich vielfältig nutzen: als Terminkalender, Notizbuch, Planungsinstrument, Erinnerungshilfe, Adressbuch, Ideenspeicher und Kontrollwerkzeug.

Welche Vorteile bieten Zeitplaner?

- Sie geben einen Überblick über anstehende Aufgaben (Aktivitätenliste) und geplante Termine (Tages-, Monatsund Jahresplan).

- Sie dienen als Planungsinstrument, indem Sie anstehenden Aktivitäten Prioritäten zuordnen und die Aufgaben dann in Ihrer Tagesplanung bzw. Monatsplanung berücksichtigen.

- Da Sie Kontakte und Aktivitäten konkret mit Terminen versehen haben, ist es für Sie einfach, am Ende eines Tages, einer Woche oder eines Monats Bilanz zu ziehen. Sie erkennen sehr schnell, welche Aufgaben erledigt sind und welche noch anstehen.

- Das Zeitplanbuch unterstützt Sie bei der Nachkontrolle.

Wie gehen Sie vor?

Schritt für Schritt zur Zeitplanung

1. Alle für Sie relevanten Aktivitäten erfassen Sie in einer Aktivitätenliste.

2. Sie ordnen die Aktivitäten. Strukturierungsmerkmale sind Fertigstellungstermin und logische Zusammengehörigkeit von mehreren Aktivitäten.

3. Sie schätzen die Bearbeitungszeit der einzelnen Aktivitäten.

4. Sie setzen Prioritäten.

5. Termine tragen Sie im Tages-, Monats-, Jahresplan ein. Termine im Monats- bzw. Jahresplan haben Erinnerungscharakter.

6. Sie machen die Tagesplanung. Spätestens am Vortag planen Sie Ihren nächsten Tag. Dadurch erhalten Sie Transparenz und Klarheit über die Anforderungen des nächsten Tages. Als Basis dient Ihnen Ihre Aktivitätenliste. Darin sehen Sie, bis wann eine Aufgabe bearbeitet sein muss und wie wichtig eine bestimmte Aufgabe ist.

7. Sie halten sich bewusst ca. 40 % der Zeit pro Tag frei für Unvorhergesehenes.

8. Aktivitäten, Kontakte, die Sie noch nicht konkret terminieren können/wollen, notieren Sie in der Aktivitätenliste ohne Termin.

9. Am Ende eines Tages überprüfen Sie Ihren Tagesplan. Alle nicht erreichten Tagesziele werden bei der nächsten Tagesplanung noch mal berücksichtigt.

10. In einem für Sie geeigneten Rhythmus überprüfen Sie Ihre Aktivitätenliste. Dieser Rhythmus kann z. B. wöchentlich sein. Alle erledigten Aktivitäten erhalten den Status „erledigt", alle Aktivitäten, deren Termin bereits erreicht ist und die noch nicht bearbeitet sind, müssen neu terminiert werden.

Aktivitätenliste

In der Aktivitätenliste halten Sie alle Aufgaben fest, die in Ihrer Verantwortung liegen. Sie dient dazu,

- die Zettelwirtschaft abzubauen und alle wöchentlichen Aufgaben im Überblick darzustellen;

- die eigenen Kräfte immer wieder zu konzentrieren, Verzettelung zu verhindern;

- Sie laufend an Kernaufgaben zu erinnern.

Wie gehen Sie vor?

1 Tragen Sie jede Aktivität, für die Sie verantwortlich sind, in Ihre Aktivitätenliste ein.

2 Versehen Sie jede Aktivität mit einem Fertigstellungstermin.

3 Ordnen Sie jeder Aktivität eine Priorität zu.

4 Überprüfen Sie bei Ihrer regelmäßigen Tages-, Wochen- und Monatsplanung Ihre Liste. Fügen Sie neue Aktivitäten hinzu. Erledigte erhalten den Status „ok". Aktivitäten, deren Fertigstellungstermin bereits überschritten ist, terminieren Sie neu.

5 Aktivitäten, für die Sie verantwortlich sind, die Sie jedoch nicht unbedingt selbst erledigen müssen, können Sie – falls möglich – an jemand anderen delegieren. Für die Terminüberwachung sind jedoch Sie zuständig.

Die Aktivitätenliste schafft Überblick und Ordnung für Ihre Aufgaben.

Aktivitätenliste

Datum	Priorität	Aktivität (Was?)	Bis wann?	Wer?	Ok?

So bewältigen Sie Stress

Grundsätzlich gilt: Stress ist etwas Selbstgemachtes. Die Erfahrung aus Workshops und Unternehmensberatungen zeigt deutlich, dass viel Stress mit mangelhafter Planung und Disziplin zusammenhängt. Bei schlechter Planung handeln viele nach dem Motto: „Nachdem ich das Ziel aus den Augen verloren habe, muss ich meine Anstrengungen verdoppeln."

Wozu Stressmanagement?

Wer gut plant, kann Stress besser vorbeugen. Bereiten Sie beispielsweise Gespräche vor, wissen Sie bereits im Voraus, wie sie ablaufen werden.

Die innere Sicherheit hilft über viele Hürden hinweg, die im Arbeitsalltag immer wieder auftauchen.

Bei mangelhafter Planung investieren Sie viel Zeit in die Beseitigung von Fehlern und Mängeln. Außerdem sind Sie ständig damit beschäftigt, sich über sich selbst zu ärgern. Investieren Sie Ihre Zeit besser!

Wie gehen Sie vor?

Beachten Sie einfach die folgenden Tipps, wenn Sie Ihre Arbeit planen. Sie werden sehen: Stress lässt sich vermeiden, wenn Sie es nur wollen!

Checkliste: Effiziente Planungsarbeit

- Die Zeitplanung wird zumeist auf der Monats-, Wochen-, Tages- und Stundenebene durchgeführt. Wenn wir allerdings bestimmte Lebens- oder Berufsziele verfolgen, können und müssen wir auch versuchen, über Jahre hinaus zu planen.

- Planen Sie einen überschaubaren Zeitabschnitt. Je weiter in der Zukunft geplant wird, desto unsicherer ist zumeist die Erfüllung dieser Pläne.

- Planen Sie schriftlich! Nur was tatsächlich aufgeschrieben ist, ist überschaubar. Nur wenige Menschen können alles im Gedächtnis behalten. Außerdem motiviert das Aufgeschriebene, die Dinge auch durchzuführen.

- Planen Sie am Ende des Tages, der Woche und des Monats jeweils für den folgenden Zeitabschnitt.

- Wählen Sie keinen zu kurzen Zeitabschnitt für Projekte. Die Planung dient ja der Übersicht, Zeiteinteilung und Arbeitsvorbereitung.

- Planen Sie auf jeden Fall für jeden Tag, jede Woche und jeden Monat! Die Zeit fließt, und nur wenn wir zusammenhängende, fixierte Strukturen bilden können, erhalten wir einen Überblick. Ein ungeplanter Arbeitstag ist ein verlorener Tag!

- Bestimmen Sie den Zeitbedarf für jede Arbeit. Nur Planung erlaubt auch Kontrolle!

- Fassen Sie gleichwertige geistige Arbeiten zusammen. Sie hatten schon einmal die Gelegenheit, sich von einer

Aufgabe auf eine völlig andere einzustellen. Von einem technischen Problem auf ein soziales umzusteigen, braucht eine gewisse Zeit. Um die geistige Adaptionszeit herabzusetzen, sollten Aufgabenpakete mit gleichem Inhalt (oder gleicher Sprache) geschaffen werden.

- Fassen Sie Arbeiten am gleichen Ort zusammen. Wegzeiten sind meistens Leerzeiten. Anstatt beispielsweise mit jedem Stück Papier zum Kopierer zu gehen, sollte man nur einmal am Tag kopieren. Durch „Wanderschaft" gehen viele Arbeitsstunden verloren.

- Vermeiden Sie Wartezeiten. Das halbe Leben besteht aus Warten. Wir warten

- darauf, mit dem Kunden/Mitarbeiter zu sprechen;

- auf Unterlagen, die wir zur Weiterarbeit benötigen;

- bis die Telefonleitungen frei sind;

- bis wir zum Chef können;

- bis wir irgendwo (Behörde, Arzt) vorgelassen werden;

- bis der PC gestartet ist oder

- bis das Auto gewaschen ist.

- Legen Sie die Termine fest. Berücksichtigen Sie alle bisherigen Ausführungen. Tragen Sie in Ihrem Zeitplan zuerst die festen Verpflichtungen, anschließend die wichtigen, aber zeitlich nicht gebundenen Tätigkeiten und schließlich die übrigen Aufgaben ein.

- Überprüfen Sie, ob Sie an alles gedacht haben.

- Stimmen Sie Ihren Zeitplan mit allen an Ihrem Aufgabengebiet Beteiligten ab.

- Schaffen Sie Sprechzeiten. Viele Gespräche können dann besser kanalisiert werden.

- Viele „Büromenschen" erledigen ihre beste Arbeit vor dem eigentlichen Dienstanfang oder nach Dienstschluss. Viele Tätigkeiten werden im Laufe des Tages durch andere Menschen oder Sachzwänge (!) unterbrochen. Es kommt zum Sägezahneffekt. Er kostet bis zu 28 % der Arbeitsleistung: Durch Unterbrechungen wird die Leistungsfähigkeit immer wieder für die gerade zu bearbeitende Aufgabe herabgesetzt. Man braucht Zeit, um wieder in die Arbeit hineinzukommen. Es gibt dazu mehrere Lösungswege:

- Schaffen Sie sich stille Stunden während des Tages, in denen Sie ungestört wichtige A-Arbeiten erledigen können.

- Schaffen Sie sich solche Zeiten, in denen Sie für andere Zeit haben (Telefon, Anfragen, kurze Besprechungen): grünes Zeitsignal.

- Schaffen Sie sich solche Zeiten, in denen Sie nicht erreicht werden können und dürfen: rotes Signal. Richten Sie auch Ihre Terminplanung auf diese Zeiten aus.

- Die stillen Stunden müssen Sie auf eine Zeit des Tages legen, in der Sie sowieso schon relativ wenig gestört werden! Meistens ist dies kurz nach der Mittagspause, am frühen Morgen oder abends. Das kann aber individuell verschieden sein.

- Versuchen Sie die ewigen Störer oder Leistungsfresser abzuhängen, indem Sie das Telefon während der störungsfreien Zeit abstellen. Sie können sich auch mit dem Anrufer kurz auf einen Rückruf einigen. Sie können ansonsten evtl. Ihr Büro abschließen oder einen anderen Schreibtisch suchen, bis man sich an Ihre „neue Mode" gewöhnt hat.

- Hängen Sie ein Schild an die Tür, wenn Sie nicht gestört werden wollen, z.B. „Bitte nicht vor 10.30 Uhr stören! Danke", „Sprechstunde von 10–11. Danke".

- Legen Sie Listen an für alles, was Ihre Planung betrifft. Sie behalten so einen Überblick über das zu Erledigende und über die möglichen Störfaktoren darin. Sie können einen TAGESPLAN, eine STÖRLISTE, MONATSLISTE, TELEFONLISTE, PRIORITÄTENLISTE und eine TERMINLISTE anfertigen.

- Gönnen Sie sich Pausen. Sie dienen der Erholung und geben wieder Kraft.

- Gönnen Sie sich jeden Tag etwas, das Ihnen Freude macht.

- Überlegen Sie, wie Sie auch in Ihrer Firma zeitraubende Aktivitäten verringern können.

- Bündeln Sie Detailaufgaben. Wenn Sie eine kleine Aufgabe erhalten, schreiben Sie sie sofort auf. Gruppieren Sie sie, wie Sie wollen.

- Wenn Sie dann mehrere Aufgaben gebündelt haben und in Ihrem Zeitplan einmal ein Loch entsteht, dann erledigen Sie die kleinen und kleinsten Aufgaben in einem Block (C).

- Streichen Sie erledigte Kleinstaufgaben.
- Denken Sie über die Tätigkeiten nach, die Sie verrichten. Jede Tätigkeit ist gewissermaßen manipuliert. Gerade Gewohnheiten hindern am Nachdenken und kreativen Schaffen.
- Hängen Sie die Liste auf!

Wie Sie effektiv mit anderen zusammenarbeiten

Die Interaktion mit anderen Menschen ist prädestiniert dazu, unsere Selbstorganisation durcheinanderzubringen. Wenn Sie die entsprechenden Techniken beherrschen, können Sie wirksam gegensteuern.

In diesem Kapitel erfahren Sie wie Sie

- in Gesprächen schneller Ergebnisse erzielen,
- mit Telefonkonferenzen und E-Mails umgehen,
- Präsentationen transparent gestalten und ohne Lampenfieber überstehen,
- Vorträge mit visuellen Hilfsmitteln bereichern.

Bereiten Sie Gespräche vor!

Wie häufig sitzen wir stundenlang in Besprechungen und fragen uns schließlich: Was hat uns diese Marathonsitzung eigentlich gebracht? Wer sich selbst zu managen gelernt hat, kann solchen unproduktiven Gesprächen jedoch gut vorbeugen. Die Tipps für die Besprechungsvorbereitung, die wir Ihnen im Folgenden geben, eignen sich für jedes Gespräch oder jede Verhandlung, seien sie informeller oder formeller Art. Auch bei der Vorbereitung von Gesprächen arbeiten Sie mit Zielformulierungen.

Warum sind Ziele für Gespräche wichtig?

In jeder Gesprächssituation gibt es Ziele, die Sie auf jeden Fall erreichen müssen: Wir nennen sie „Mussziele". Darüber hinaus gibt es aber auch negative Punkte, die es auf jeden Fall zu vermeiden gilt.

Beispielsweise reagieren Sie oder Ihr Gesprächspartner auf bestimmte Zielvorstellungen empfindlich. Daher ist es wichtig, diese zu kennen und zu vermeiden. Die Vorbereitung auf ein Gespräch schließt folglich mit ein, dass wir uns auch mit der eigenen Position und der des Verhandlungspartners ernsthaft auseinander setzen.

Wozu Gespräche vorbereiten?

Die Gesprächsvorbereitung hat viele Vorteile:

- Durch die Zielformulierung erschließen Sie sich wesentliche Informationen und Meinungen des Gesprächspartners.

- Sie konzentrieren sich auf das Wesentliche in einem Gespräch. Dadurch werden Sie weniger Opfer von Zufallsdiskussionen.

- Sie werden nicht mit Argumenten konfrontiert, die Sie überraschen und dann Stress verursachen. Ihr Kopf bleibt frei.

- Sie müssen sich nicht darüber ärgern, dass Sie bestimmte Punkte und Argumente Ihres Verhandlungspartners hätten vorausahnen müssen.

Formulieren Sie Ziele für Ihr Gespräch!

Gesprächsziele

Thema:	Teilnehmer:
Datum/Ort:	Sonstiges:

Was ist mein Hauptziel?

Welche Entscheidungen könnten/müssen getroffen werden?

Was muss ich erreichen?

Was muss ich vermeiden?

Was muss mein Gesprächspartner erreichen?

Was muss mein Gesprächspartner vermeiden?

Wo liegen unsere möglichen Zielkonflikte? Was heißt das für die Gesprächseröffnung?

Beispiel: Gesprächsvorbereitung

Thema: Mitarbeiterbeurteilung und Weiterentwicklung

Teilnehmer: Sticker, Taylor

Datum/Uhrzeit/Ort: 20.01.20XX/11.30/sein Büro

Sonstiges: Unterlagen für Vorbereitung am 7.1. abgeben

1 Was ist mein Hauptziel bei der Besprechung?

Letzte Abmachungen überprüfen

Klärung der Mitarbeiterbeurteilung

Nächste Schritte gemeinsam festlegen

2 Welche Entscheidungen könnten/müssen getroffen werden?

Termine? Kurse und weitere Aufgaben: besondere Ausbildungsmaßnahmen

Welche Schwerpunkte sollen gesetzt werden?

3 Was muss ich erreichen (Mussziel)?

Klarheit und Vertrauen

Klärung: Steht etwas gegen die Mitarbeiterbeurteilung/ Laufbahnentwicklung sowie die verbundenen notwendigen Fördermaßnahmen?

4 Was muss ich vermeiden?

Ausübung von Zwang

Es darf nicht auf einen Wunsch nach einer Beförderung hinauslaufen.

Es darf nicht auf Alibimaßnahmen oder etwa einen Anspruch auf bestimmte Maßnahmen hinauslaufen.

5 Was muss mein Gesprächspartner erreichen?

Klare Informationen über unsere Einschätzung von ihm selber

Klarheit über das weitere Vorgehen, das wir mit ihm planen

6 Wo liegen unsere möglichen Zielkonflikte?

Umgang mit Telefonkonferenzen

Was ist das?

Telefonkonferenzen verwendet man, um mit mehreren Personen gleichzeitig über das Telefon in Verbindung zu treten. Üblicherweise wird Teilnehmern die Einwahl selbstständig ermöglicht und je nach Telekommunikationsanbieter stehen dem Verwender verschiedene Möglichkeiten offen, die Konferenz zu moderieren.

Welchen Nutzen bringen Telefonkonferenzen?

- Telefonkonferenzen ersparen den Teilnehmern Wege und Unannehmlichkeiten von Reisen.

- Sie können vom Arbeitsplatz aus geführt werden, weshalb dem Teilnehmer während der ganzen Konferenz seine gewohnte Infrastruktur zur Verfügung steht.

Vorgehen

Eine Telefonkonferenz ist einzusetzen, wenn es die Arbeit nicht zulässt, dass sich alle Teilnehmer persönlich treffen oder wenn durch mehrmaliges Hin-und-her-senden von E-Mails zu viel Zeit verschwendet würde.

Was man vor einer Telefonkonferenz wissen muss:

- Wer sind die Teilnehmer?
- Wann findet die Konferenz statt und wie viel Zeit muss ich dafür einplanen?
- Was sind die zu besprechenden Themen?
- Wo befinden sich die Teilnehmer?
- Was ist das Ziel der Konferenz? Ein Informationsaustausch oder eine Entscheidungsfindung?
- Welche Unterlagen erhält dazu wer in welcher Form?

Während der Telefonkonferenz gilt es zu beachten:

- Grundsätzlich gelten die Regeln von Besprechungen, doch müssen diese noch konsequenter eingesetzt werden, da den Teilnehmenden i.d.R. nur der Hörsinn zur Verfügung steht.
- Wichtig ist ein pünktlicher Anfang.
- Ein Leiter der Telefonkonferenz ist festgelegt.
- Eine klare und allen Teilnehmern bekannte Rollenverteilung ist definiert.
- Alle Teilnehmer konzentrieren sich auf die Konferenz und machen nichts anderes nebenher (keine Mails lesen, beantworten etc.).
- Ich vermeide Hintergrundgeräusche.
- Wenn ich nicht sprechen muss, stelle ich mein Telefon auf stumm.
- Ich mache Gesprächsnotizen.

- Ich unterbreche einen Sprecher nicht und warte ab, bis er ausgesprochen hat.

- Redezeiten sind einzuhalten.

- Ich rechne mit Sprachverzögerungen, wenn Teilnehmer mit dem Mobiltelefon oder aus dem Ausland anrufen.

- Am Schluss folgen eine Zusammenfassung der Ergebnisse und eine Besprechung der noch offenen Punkte.

Umgang mit E-Mails zu Hause und im Beruf

E-Mail steht als Kommunikationswerkzeug seit mehr als einem Jahrzehnt zur Verfügung. Trotzdem bestehen nach wie vor große Defizite, E-Mails effektiv zu nutzen. Im Folgenden zeigen wir Hilfen und Tipps wie Sie die Aufgabe E-Mails bearbeiten professionell angehen können und was Sie beim Formulieren von E-Mails beachten sollten.

Was ist beim Einsatz von E-Mails als Aufgabe zu beachten?

1 Ablage und Speichern

- Um die Übersichtlichkeit zu bewahren ist es wichtig, dass nur die unbearbeiteten und evtl. noch auf Antwort bzw. Erledigung wartenden Mails im Posteingang sind.

- Legen Sie für sich eine für Sie klare Ablagestruktur fest und zwar für den Posteingang und für alle Dateien in der Anlage.

- Empfehlenswert ist, nur ein Ablagesystem zu nutzen (z.B. im „Eigene Dateien" in der MS-Welt). Alle Anlagen werden dorthin verschoben

- Aufgaben und Kontakte werden in den im Mailprogramm dafür vorgesehenen Ordnern abgelegt.

2 Bearbeiten Sie den Posteingang zu fixen Terminen

- Manche rufen über hundertmal pro Tag die E-Mail-Funktion auf. Insbesondere wenn neue E-Mails als visuelles Signal (z.T. mit Ton) angezeigt werden. Wenn Sie nicht als Dienstleister jede E-Mail sofort beantworten müssen, empfiehlt es sich, diese Eingangsmeldungen abzustellen. Sie gehören zu den häufigsten Leistungsfressern.

- Vielfach reicht es, die E-Mails ca. dreimal am Tag, zu fixen Terminen, abzurufen. Sie sollten dabei sofort die Gelegenheit haben den Posteingang zu bearbeiten und damit den nächsten Schritt zu machen, um eine Mail nicht viele Male anzuschauen und dann doch nicht zu bearbeiten.

- Machen Sie aus Mails und daraus entstehenden Aufgaben Termine. Sie können dazu die Mail anklicken, festhalten, in den Kalender ziehen und dort eine gewisse Zeit zum Erledigen der Aufgabe reservieren.

3 Fällen Sie Entscheidungen

- Nach dem Lesen der E-Mail beantworten, löschen, ablegen, weiterleiten oder terminieren Sie diese.

- Verwenden Sie die „Löschen/Delete"-Taste als Hauptwerkzeug. Nicht jede Mail muss gespeichert werden, insbesondere diejenigen nicht, die Sie in cc bekommen haben.

4 Fassen Sie sich kurz

- Lange E-Mails werden in der Bearbeitung vom Empfänger aufgeschoben und erwecken Ärger.

- Verschiedene Themen = verschiedene E-Mails. Das erhöht die Chance der Bearbeitung und verringert das Risiko des Vergessens.

- KISS: „Keep it short and simple" oder „Keep it simple, stupid!" (Halt' es einfach, Dummkopf!)

5 Telefonieren Sie

Wenn Sie sehen, dass das E-Mail schon aus mehr als z.B. drei Submails besteht (Ping-Pong E-Mails) telefonieren Sie oder gehen Sie zur betreffenden Person.

6 Schreiben Sie im „Betreff" klar, was Sie wollen oder nennen Sie das Thema

- Z.B. „Bitte überprüfen Sie die Zahlen". Oder: „nächster Termin am kommenden Montag."

- Eine eindeutige Angabe in der Betreff-Zeile erleichtert es dem Empfänger zu wissen, was Sie wollen.

- Es wird zudem verhindert, dass Ihre E-Mail als Spam aussortiert wird, wie z.B. bei „Hallo", „Info".

- Klare Betreffzeilen erleichtern das Finden der E-Mail via Suchfunktion.

- Senden Sie keine Nachricht mit „RE: RE: Fwd: Re"

7 Überprüfen Sie Grammatik und Rechtschreibung

Grammatik und Rechtschreibung werden oft vernachlässigt. Sie erleichtern jedoch die Bearbeitung der E-Mail und halten den respektvollen Umgang damit aufrecht.

8 Erst denken, dann senden

Wenn Sie spontan und aus dem Bauch heraus handeln, werden Emotionen, Temperament und der Ton (das Wie) zum Thema – der Inhalt (das Was) verschwindet dahinter.

- Sobald eine E-Mail gesendet wurde ist sie für immer weg. Sie können Sie i.d.R. nicht mehr zurückholen – allerdings sollten Sie diese Programmfunktion kennen.

- Alle, welche die E-Mail erhalten (Kunden, Kollegen, Chef), sind davon betroffen, werden sie lesen und reagieren müssen.

9 Achtung: Es gibt keine wirklich privaten E-Mails

Wenn Sie eine E-Mail senden, geht diese durch zahlreiche Netzwerke, bevor sie Ihren Empfänger erreicht.

- Mails lassen Kopien auf Servern zurück, auf die zugegriffen werden kann.

- Außerdem kann Ihre E-Mail vom Empfänger an Dritte weitergegeben werden.

- E-Mails lassen sich digital verschlüsseln. Das gewährleistet, dass die Nachricht unterwegs nicht verändert wurde und sie von niemandem außer dem Empfänger geöffnet wird.

10 Verwenden Sie die Regel-Funktionen

- Abwesenheitsbenachrichtigung: „Bin nicht im Büro." Diese Benachrichtigung können Sie auch erweitern mit folgenden Informationen darüber, bis wann Sie abwesend sind und was in dieser Zeit mit Ihren E-Mails passiert (werden unregelmäßig gelesen, werden nicht gelesen, ..., wer Sie zwischenzeitlich vertritt, wie Sie sonst zu erreichen sind. Diese Antworten helfen in mehreren Aspekten: Der Sender löst die Aufgabe anderweitig oder er fällt selbst eine Entscheidung.

- Weiterleitungen: E-Mails von bestimmten Empfängern oder mit bestimmtem Betreff werden automatisch weitergeleitet.

- Ablageregel: z.B. können alle Mails von einem bestimmten Empfänger bei Eingang automatisch in einen Unterordner geleitet werden. Der Posteingangskorb bleibt dadurch übersichtlicher.

11 Bleiben Sie streng beim Geschäftlichen

Trennen Sie geschäftliche von privater E-Mail-Korrespondenz. Ihre Privatsphäre ist im Geschäft nie geschützt und macht Sie angreifbar.

12 Seien Sie höflich und rücksichtsvoll

Die Kommunikation mit E-Mails wird oft informell gesehen und damit in der Wirkung unterschätzt. Denken Sie immer daran, dass Ihre E-Mails an wichtige Personen gehen: Chef, Kunden, potenzielle Kunden, Kollegen.

- Seien Sie höflich und antworten Sie fristgerecht.
- Eine Signatur in der E-Mail ist wichtig, damit die Empfänger mit Ihnen Kontakt aufnehmen können, sie macht einen professionellen Eindruck und identifiziert eindeutig Ihre Firma.
- Vor dem Versenden sehr großer Anhänge sollten Sie den Empfänger informieren oder Sie komprimieren die Dateien.
- Geschäftliche E-Mails sollen weder zu Liebesbriefen noch Wuttiraden werden.

13 Halten Sie den Computer von Viren und Würmern

Stellen Sie sicher, dass Ihr Computer virenfrei ist, um Beziehungen nicht unnötig zu gefährden (siehe z.B. Virenschutzprogramme unter www.chip.de oder www.pc-welt.de).

14 Seien Sie sich bewusst, was „An", „Cc" und „Bcc" bedeuten

- „Bcc" signalisiert möglicherweise Vertrauensbruch.
- Gilt die Abmachung, dass nur „An" bearbeitet werden, werden „Cc" nicht mal gelesen.

15 Verwenden Sie auch privat seriöse E-Mail-Adressen

Was denken Sie, wenn Sie die Adresse Liebestraum@web.de bei Absendern lesen?

16 Setzen Sie bewusst und konsequent Filter ein

- Lehnen Sie die automatische Zusendung von Newslettern ab oder bestellen Sie sie ab.
- Setzen Sie SPAM-Filter ein und blockieren Sie die Absender von unerwünschten Nachrichten konsequent.

17 Schließen Sie Mails höflich und professionell ab

Der letzte Eindruck bleibt.

Handy und Smartphones zu Hause und im Beruf

Ziel des Mobiltelefons/Smartphones ist die bessere Erreichbarkeit. Für ein aktives Selbstmanagement und zur Belastungsreduktion braucht es allerdings im privaten wie im beruflichen Einsatz einige Verhaltensregeln. Diese erscheinen vereinzelt trivial, dennoch ist in der Praxis Ärger häufig angesagt – aber aktiv die Dinge zu ändern, scheint anspruchsvoll. Wer den Umgang für sich selber nicht strukturiert, hat mit der modernen Technik neben dem Telefon als potenziellem Leistungsfresser plötzlich noch E-Mail, SMS usw. Im Folgenden zeigen wir deshalb einige kritische Aspekte im Umgang mit den Geräten auf und geben Empfehlungen.

Wie erreichbar muss ich sein?

In der Regel müssen Sie nicht immer, sondern nur zu bestimmten Zeiten erreichbar sein, weil es sonst stressig wird und Beziehungen im Privatleben gefährdet. Dabei hilft es,

- fixe Anrufzeiten (von ... bis), also nur eine gewisse Anzahl an Stunden am Tag erreichbar zu sein und
- auch am Wochenende nur im Notfall oder ein- bis zweimaliger Check des Anrufeingangs zu bestimmten Zeiten.

Do's und Don'ts von Handy/Smartphone

- Die Geräte haben im Schlafzimmer nichts zu suchen.
- Sie sind nachts auf lautlos oder ausgeschaltet.

- Aktive Betriebszeiten für Arbeitstage und Wochenenden/ Ferien einhalten, z.B. Arbeitsbeginn bis Arbeitsende oder 7 Uhr bis 20 Uhr.
- Es gibt klare Vereinbarungen mit dem Partner.
- Die Geräte bleiben bei privaten Terminen (Essen, Kino usw.) zu Hause.
- Sie sind Hilfsmittel und nicht Nabelschnur zur Welt.

Muss ich jeden Anruf, jede SMS oder E-Mail sofort annehmen?

Nein, es sei denn Sie wollen immer und jederzeit Everybody's Darling sein.

Wie oft rufe ich Nachrichten ab?

- Alle 2 oder 4 Stunden
- Einmal am Tag
- Immer um 12 Uhr und 17 Uhr

Wann schalte ich die Anrufweiterleitung ein?

- Während wichtiger Besprechungen.
- Bei Abwesenheit und gleichzeitigem Erwarten von wichtigen Anrufen.
- Ich schalte sie bei stillen Stunden ein.

Wann erledige ich Anrufe?

- Ich erledige Sie beim Bearbeiten der zugehörigen Aufgaben.
- Bei Vorplanung der Bearbeitungszeit von Akten können Telefontermine abgemacht werden.
- Zu fixen Telefonzeiten.
- Nur zu den Arbeitszeiten, an welchen am ehesten Geschäftspartner zu erreichen sind.

Was kann ich tun, dass der Rückruf erfolgreich wird?

Ich vermeide

- pauschale Aussagen wie „Bitten Sie ihn, mich zurückzurufen" und
- Formulierungen wie „Dann rufe ich später noch einmal an". Wer sagt mir, dass ich dann erfolgreicher sein werde?

Ich formuliere folgendermaßen: „Ich bitte um Rückruf und bin von ... bis ... unter der Nummer ... erreichbar." Sie haben dann die Situation stärker unter Kontrolle.

Wann tätige ich Rückrufe?

Sofort nach Meldung des Anrufs oder zu fixen Zeiten.

Wann setze ich SMS ein?

Bei wichtigen Mitteilungen, wie Telefonnummern, Adressen oder Informationen über Anrufzeiten.

Gekonnt präsentieren und vortragen

Präsentationen und Vorträge laufen nach dem Prinzip der Ein-Weg-Kommunikation ab: Sie senden Informationen an Ihre Zuhörer, die jedoch nicht direkt reagieren. Beispielsweise wollen Sie mit Ihrem Vortrag ein Produkt verkaufen und schildern den Anwesenden seine Vorteile. Umso mehr müssen Sie den Zuhörern, die in der „passiven" Rolle bleiben, einiges bieten: eine klare Argumentation, spannende Inhalte und natürlich – gute Unterhaltung! Sie sehen: Es hängt ganz von Ihnen ab, ob die Zuhörer „dran bleiben" oder abschalten. Als Vortragender haben Sie das Steuer in der Hand. Das bedeutet auch, dass Sie der Pilot sind, der Sicherheit vermitteln und Unsicherheit abbauen kann.

Wozu Präsentationen und Vorträge vorbereiten?

Bei der Vorbereitung einer Präsentation oder eines Vortrags definieren Sie den roten Faden für Ihre Vorstellung. Der rote Faden hilft Ihnen bei der Präsentation im Sinne einer Stütze. Der rote Faden hilft auch den Zuhörern im Sinne von Klarheit und Übersichtlichkeit. Durch eine gute Vorbereitung Ihrer Präsentation können Sie ganz gezielt Nervosität abbauen. Nach der Vorbereitung ist absolut klar, was Ihre wesentliche Botschaft sein soll und welche Inhalte Ihre Präsentation vermittelt. Während der Vorbereitung stellen Sie Ihre Werkzeugkiste zusammen, die Sie mit in die Präsentation nehmen. Durch klare Ziele, eine gute Gliederung und visuelle Hilfsmittel überzeugen Sie Ihre Zuhörer und wirken als kompetenter Referent.

Wie gehen Sie vor?

1   Nehmen Sie sich die folgende Checkliste vor und über-
    prüfen Sie Ihren Präsentationsstil.

2   Vor einer Präsentation: Nutzen Sie das Instrument zur
    Vorbereitung.

3   Nach einer Präsentation: Geben Sie sich selber Feedback
    und lassen Sie sich welches geben.

4   Üben, üben, üben. Bereiten Sie sich sauber vor, konzen-
    trieren Sie sich auf wesentliche Punkte und nehmen Sie
    jede Chance wahr, vor anderen zu sprechen und zu prä-
    sentieren. Ihre Nervosität wird Ihnen selten jemand anse-
    hen.

Checkliste für Ihre Vorträge

Einleitung
1 Machen Sie Ihren Zuhörern als erstes klar, worum es geht:
Nennen Sie das Thema.
Geben Sie eine Grobgliederung an.
Weisen Sie auf den Sinn oder das (Lern-)Ziel hin.
2 Wecken Sie das Interesse Ihrer Zuhörer:
Nehmen Sie Bezug auf aktuelle Ereignisse.
Weisen Sie auf Probleme hin.
Bringen Sie praktische Beispiele.
Kommen Sie aber möglichst bald zur Sache.

Die Einleitung darf nicht zu lang sein.

Fördern Sie die Aufmerksamkeit der Zuhörer durch Blickkontakt und lebhafte Sprechweise.

Hauptteil

3 Helfen Sie Ihren Zuhörern, die Gliederung des Stoffes zu erkennen:

Nehmen Sie während des Vortrages auf die Grobgliederung Bezug und ergänzen Sie diese durch Unterpunkte.

Nutzen Sie die Möglichkeiten zur akustischen Gliederung durch Betonung und Sprechpausen.

4 Helfen Sie Ihren Zuhörern beim Verstehen und Einprägen wichtiger Punkte:

Bevorzugen Sie Einfachheit in Wortwahl und Satzbau.

Bemühen Sie sich um Prägnanz, um kurze, klare und verständliche Aussagen.

Erklären Sie möglichst anschaulich und verwenden Sie Skizzen, Modelle, Statistiken, Tabellen, die übersichtlich und gut lesbar sind. Nutzen Sie möglichst mehrere Möglichkeiten zur Visualisierung.

Heben Sie die Schwerpunkte akustisch hervor.

5 Kommen Sie am Ende zu einem überzeugenden Abschluss:

Geben Sie bei längeren Darstellungen eine kurze Zusammenfassung (keine Wiederholung).

Vermeiden Sie ein abruptes Abbrechen.

Je nach Themenstellung:

- Weisen Sie am Schluss auf Konsequenzen oder Nutzen bei der Anwendung hin.
- Richten Sie einen Appell an die Zuhörer oder
- geben Sie einen Ausblick auf die mögliche Entwicklung in der Zukunft.

Rezepte gegen Lampenfieber

Lampenfieber ist die innere Unsicherheit vor einer Redesituation. Unsicherheit ist immer ein Symptom für etwas Ungeklärtes: Wer ist da? Welche Fragen kommen? Werde ich auseinander genommen? Mache ich mich ausreichend verständlich? Lampenfieber ist ein Signal für Überforderung.

Gesundes und schädigendes Lampenfieber

Lampenfieber kommt von innen. Schädigendes – disstressendes – Lampenfieber verschlechtert die Redeleistung. Es blockiert und lässt einen vor dem Publikum zittrig, dumm und inkompetent erscheinen. Ungesundes Lampenfieber ist die Hölle und wie eine innere Wand, gegen die ein Redner läuft.

Gesundes Lampenfieber ist der Motor einer guten Leistung. Gesundes – eustressiges – Lampenfieber treibt einen an, über sich selbst hinaus zu wachsen und die ganze Situation als Herausforderung zu begreifen. Daher ist es wichtig, dass Sie sich die Unsicherheitswand bewusst machen und Strategien entwickeln, damit Sie die Wand als eine zu überspringende Hürde angehen.

Wer sagt, er hätte vor Auftritten oder bestimmten Anlässen kein Lampenfieber, lügt – oder ist ein dermaßen kühler, berechnender und i.d.R. aalglatter Mensch, dass es keinen Spaß macht, sich mit ihm auseinanderzusetzen.

Verlieren Sie nicht den Mut!

- Hemmungen sind kein Zeichen für mangelnde rednerische Begabung, wie Anfänger das oft befürchten. Hemmungen sind ein normales Durchgangsstadium auf dem Weg zum freien und mit Spaß erfüllten Reden!

- Lampenfieber ist eine Stressreaktion. Sie dürfen sie nicht negativ sehen, denn die Reaktion signalisiert Aktivierung. Allerdings gilt es, die Aktivierung nicht in eine Hemmung überschwappen zu lassen.

- Nur ein zu starkes Lampenfieber kann den Übergang vom Unbewussten (Speicher unseres Wissens) zum Bewusstsein (Sprechen) blockieren – aber dagegen kann man etwas tun!

Wozu Lampenfieber abbauen?

- Sie konzentrieren sich bei der Präsentation auf die Aufgabe und sind nicht noch zusätzlich mit sich selber beschäftigt.

- Sie schieben die Vorbereitung nicht ewig vor sich her. Durch die Vorbereitung über längere Zeit werden unangenehme Aspekte als kontrollierbar erlebt.

- Sie brauchen sich hinterher keine Vorwürfe zu machen, eine tiefere Vorbereitung und den Abbau des Lampenfiebers nicht probiert zu haben.

Wie gehen Sie vor?

Auch hier gilt: Die Kenntnis von Techniken und eigener Reaktionen ist die Voraussetzung für Erfolg. Die beste Technik ist natürlich eine exzellente Vorbereitung. Ein Vortrag ist wie ein Langstreckenflug, welcher sorgfältig geplant, durchgeführt und nachgearbeitet wird. Beachten Sie den Präsentationsplan:

Checkliste: Präsentieren

- Bereiten Sie sich gut vor. Ein Manuskript ist die erste Voraussetzung für Sicherheit – sogar, wenn man es nur in der Tasche hat. Oft hilft schon eine kurze Gliederung.

- Entspannen Sie sich vorher. Gut ausschlafen, einen Spaziergang machen, ein Hobby ausüben. Vor allem: Vorsicht mit Alkohol.

- Nicht den Magen überlasten – lieber leichte Nahrung essen.

- Selbstsuggestion ist erlaubt! Sagen Sie sich: „Ich habe den Hörern etwas Wichtiges mitzuteilen und ich kann es interessant vortragen."

- Gehen Sie frühzeitig in den Veranstaltungsraum. Wenn möglich: Sehen Sie sich den Raum in Ruhe und alleine an. Stellen Sie sich z.B. vorne auf das Podium und sprechen Sie laut in den Raum hinein. Stellen Sie sich dann vor, wie Sie einzelne Personen im Publikum ansehen werden.

- Atmen Sie mehrmals tief durch, überprüfen Sie Ihre Haltung und dann legen Sie los! Entfalten Sie sofort Aktivität am Rednerpult (auf das man oft besser verzichtet). Setzen Sie Gestik ein und nehmen Sie Blickkontakt auf.

- Sprechen Sie am Anfang betont langsam.

- Wählen Sie eine natürliche Ausdrucksweise. Eine förmliche oder geschwollene Ausdrucksweise kommt nicht an.

- Suchen Sie Kontakt und Rückkoppelung bei Ihren Hörern.

- Bei Plenumspräsentationen: Wählen Sie sich (evtl. vor Redebeginn) eine Person in der ersten oder eine in der letzten Reihe aus und sprechen Sie diese gezielt an. Wählen Sie einen fixen Punkt etwas oberhalb der Personen in der letzten Reihe und sprechen Sie diesen Punkt an. Das hilft bei der Konzentration auf eine Sache.

- Suchen Sie immer wieder Gelegenheiten, um reden zu üben (z.B. auch bei privaten Feiern).

Sicher auftreten vor einer Gruppe

Reden halten, präsentieren, eine Gruppe leiten: auch das sind Führungskompetenzen. Wie die fachliche Kompetenz müssen auch diese Fähigkeiten trainiert und verbessert werden. Sicher vor einer Gruppe auftreten zu können bedeutet, mittels klarer und kontrollierter Verhaltensweisen die eigene Botschaft an den oder die Adressaten zu bringen.

Warum ist sicheres Auftreten so wichtig?

Wer das eigene Auftreten überprüft, stellt sicher, dass es „ankommt". Die Überprüfung gilt für den neuen Redner: Er stellt sich mittels einer Checkliste auf die Situation ein und konzentriert sich auf für ihn wichtige Punkte. Das entlastet von der Unsicherheit, was jetzt eigentlich beim Auftreten vor einer Gruppe wichtig ist. Dem geübten Redner hilft die Überprüfung, eingeschliffene Verhaltensweisen zu korrigieren und sich zu verbessern.

Wie gehen Sie vor?

1 Nutzen Sie die Checkliste

Mit Hilfe der Checkliste auf den folgenden Seiten bereiten Sie Ihr Auftreten vor: Sie nehmen sich ganz bestimmte Punkte vor, auf die Sie während Ihres Redens achten. Sehen Sie sich die Liste vorher immer wieder an.

- Wenn Sie ungeübt sind: Nehmen Sie sich nicht mehr als eine Verhaltensweise pro Kategorie vor. Sie verzetteln sich sonst und überlasten sich. Schreiben Sie sich evtl. in großen Buchstaben auf Ihr Manuskriptblatt auf jede Seite eine Verhaltensweise.

- Wenn Sie geübt sind: Sie konzentrieren sich nur auf wenige Verhaltensweisen, von denen Sie wissen, dass Sie sie ändern wollen. Sie legen sich die Liste neben Ihr Manuskript und arbeiten sich schrittweise von oben nach unten durch.

2 Nach dem Auftreten

Sie gehen die Liste für sich selber nochmals durch und überprüfen, wo Sie Schwachpunkte haben. Die sind dann der Input für das nächste Mal. Sie können auch eine Vertrauensperson bitten, Ihnen mittels dieser Checkliste Rückmeldung zu geben.

3 Im Alltag

Nehmen Sie sich immer wieder Punkte aus der Liste vor, an denen Sie arbeiten wollen. Der Alltag bietet immer wieder kleine Übungsgelegenheiten, die nicht so stressig sind. Es sind die kleinen Übungen, die den Meister machen!

Checkliste: Die Konzentration auf wenige Verhaltensweisen reduziert den Stress

1 Körperhaltung und Körperbewegungen

Blickkontakt suchen

Gerade und unverknotete Körperhaltung zeigen

Hände dem Gesprächspartner zeigen

Muskelanspannungen durch kurze körperliche Belastung „abarbeiten"

Wenn Sie stehen müssen: auf beiden Füßen stehen

Sich ruhig bewegen und nicht „tanzen"

2 Stimme und Sprechweise

Der Situation angemessene Lautstärke wählen

Sprechtempo finden, das mitdenken lässt

Pausen zum Nachdenken geben

Klare Aussprache immer wieder üben

Wenig Fachausdrücke und Fremdwörter verwenden

3 Verhalten zum Gesprächspartner

Sich in den anderen hinein fühlen

Den anderen als Kommunikationspartner akzeptieren

Versuchen, ihn zu verstehen

Konsens suchen

Ausreden lassen

Aktiv zuhören

Sie/ihn mit Namen ansprechen

Nutzen Sie visuelle Medien!

Gerade für die Arbeit mit Gruppen sind visuelle Medien sehr
hilfreich: zum einen für die Zuhörer, zum anderen für Sie
selbst:

- Visuelle Medien zwingen Sie Inhalte zu vereinfachen und
  klarer darzustellen. Diese Klarheit hilft Ihrer Zuhörerschaft.
  Wenn viel visuelle Information kommt, kann auch viel
  haften bleiben!

- Eine Präsentation ohne Visualisierung wird zu 80 % vergessen. Das Gedächtnis nimmt am besten über den visuellen Kanal auf.

- Visuelle Medien vereinfachen und entlasten das Gedächtnis. Ein Beispiel: Wenn Sie sieben Zahlen mit vier Stellen
  präsentieren und diese miteinander vergleichen, ist das
  Kurzzeitgedächtnis vieler überlastet. Visuelle Hilfen vereinfachen die Denkleistungen.

Was leisten visuelle Medien?

Sie unterstützen das gesprochene Wort, indem sie:

- einen bestimmten Punkt verdeutlichen
- Zeit sparen, weil sie das Wesentliche auf den Punkt bringen
- Interesse wecken
- dafür sorgen, dass sich die Zuhörer Wichtiges besser einprägen
- Ergebnisse sichern.

Welches visuelle Medium wähle ich?

Die folgende Liste hilft Ihnen, sich für das richtige Medium zu entscheiden.

Checkliste: Welches Medium für welchen Zweck?

Vorteile	Nachteile
1 Flip-Chart	
• Vorbereitung/Wiederverwendung möglich.	• Korrekturen sind schwierig.
• Mehrere fertige Charts können nebeneinander aufgehängt werden.	• Die Fläche des einzelnen Blattes ist begrenzt.
• Der Ständer ist leicht.	• Die Archivierung der Rollen ist umständlich.
	• Verletzungsgefahr: Die Papierkanten sind scharf.

Vorteile	Nachteile
■ Kleine Notizen auf dem Chart ersparen das Manuskript.	
■ Modern: Heute gibt es Geräte, die ein Fotoprotokoll machen.	

2 Beamer

Vorteile	Nachteile
■ Präsentation lässt sich ausdrucken.	■ Abhängigkeit vom Stromnetz.
■ Folien lassen sich schrittweise aufdecken.	■ Projektionsfläche erforderlich.
■ Brillante Farbgebung.	■ Projektionsabstand und Raumhelligkeit müssen beachtet werden.
■ Ablauf der Präsentation lässt sich einfach per Mausklick steuern.	
■ Digitalisierte Fotos und Filmsequenzen lassen sich einbinden.	
■ Der Vortragende behält den Blickkontakt zur Gruppe.	

Vorteile	Nachteile

3 Pinnwand

- Alle Teilnehmer können aktiv mitwirken.
- Das gesammelte Material kann leicht geordnet und strukturiert werden.
- Ergänzungen und Korrekturen sind leicht möglich.
- Mit mehreren Tafeln können ganze Informationsstände aufgebaut werden.
- Notizen auf der Rückseite der Karten können das Manuskript ersetzen.
- Karten in verschiedenen Farben und Formen bieten viele Darstellungsmöglichkeiten.

- Zwang zum Telegrammstil, da die Karten wenig Platz bieten. (Das kann auch ein Vorteil sein!)
- Die Vorbereitung erfordert mehr Zeit als bei anderen Medien.

4 Wandtafel

- Preiswert
- Korrektur ist leicht möglich.
- Jedem aus der Schulzeit vertraut.

- Kreide an Händen und Kleidung.
- Was abgelöscht ist, ist „weg".
- Verleitet zum flüchtigen Schreiben.

Vorteile	Nachteile
■ Auch geeignet zum Anhängen von Papierbögen.	■ Bei einigen weckt die Tafel unangenehme Erinnerungen an die Schule.
■ Gut für schrittweise Entwicklung, bei der Teile gelöscht werden müssen.	■ Der Schreiber wendet der Gruppe den Rücken zu.

Welche Voraussetzungen gibt es für den Einsatz der Medien?

Bevor Sie visuelle Medien einsetzen, sollten Sie bestimmte Einflussfaktoren überprüfen, unter denen Ihre Besprechung oder Präsentation stattfindet. Die Ziele, Methoden oder Kosten für die Hilfsmittel müssen stimmen, sonst lohnt sich Ihr Einsatz nicht.

Checkliste: Einflussfaktoren

Ziele	Welchen Punkt will ich deutlich machen?
Methoden	Welche Hilfe wird mir die Verdeutlichung (Veranschaulichung) dieses Punktes bieten? Visuelle oder akustische, mechanische oder manuelle Methoden?
Kosten	Welche Ausgaben gibt es?
Zeit	Wie viel Vorbereitung brauche ich und wie ist das Kosten-/Nutzenverhältnis?

Situation	Wo und wie wird die räumliche Situation sein und werden die geplanten Hilfsmittel dort zur Geltung kommen?
Publikum	Welche Voraussagen kann ich über das Wissen und die Aufnahmefähigkeit des Publikums machen?

Wie gehen Sie vor?

1   Übung macht den Meister! Experimentieren Sie so weit wie möglich mit den verschiedensten Methoden.

2   Stellen Sie es sich zur Aufgabe, bei schwierigen Besprechungen immer eine andere Methode gut vorbereitet einzubringen.

Erfolgreich visualisieren

Wichtig ist auch, dass Sie beim Einsatz visueller Hilfsmittel folgende Punkte beachten:

Checkliste: Visualisieren

Ziele:	
Überblick vermitteln	Lernen erleichtern
Zusammenhänge darstellen	Einprägen erleichtern
Veranschaulichen, „optische Rhetorik" = 2. Kommunikationskanal	Infos abrufbereit speichern
	Ablaufdarstellung bei Gruppenarbeiten

Denkanstöße geben	Dokumentation von Ergebnissen

Methoden zur Darstellung von Zahlen, Mengen und Größenordnungen:

Tabellen	Koordinaten, Kurven, Diagramme (Stab, Fläche, Kreis)
Matrix	
Skalen	

Methoden zur Darstellung von Gliederungen und Beziehungen:

„Baum"-Verzweigungen	Matrix
Organigramme	

Visuelle Medien:

Wandtafel	Filme, Videoaufzeichnungen
Flip-Chart	Modelle
Beamer	Ausgabenmaterial (Kopien) für Teilnehmer
Pinnwand	
Diapositive	

zur Darstellung von Abläufen und Prozessen:

Flow-Chart (Flussdiagramm)	Netzpläne
	Skizzen

zur Strukturierung komplexer Problemfelder:

Metaplantechnik (Arbeit an Pinnwänden mit Packpapier und farbigen Kärtchen)	Einsatz aller grafischen Elemente und Nutzung aller Kompositionsmöglichkeiten

Grafische Elemente:

Schrift	Flächen/Formen
Farben	Symbole
Linien	

Komposition:

Flächenteilung	Rhythmus
Freiflächen	Betonung
Reihung	Dynamik

Regeln:

Lesbarkeit durch

Art und Größe der Schrift	Strichstärke, Farbkontraste

Überschaubarkeit durch

begrenzte Informationsmenge	Strukturierung, Gliederung
	Wichtiges hervorheben

Verständlichkeit durch

gute Beschriftung	schrittweisen Aufbau
klare, präzise Begriffe	anschauliche Darstellung

Ausbaufähigkeit durch

ausreichende Freiflächen

Checkliste: Prinzipien der Verwendung visueller Hilfsmittel

1 Komplizieren Sie als Präsentierender die Dinge nicht.

2 Verwenden Sie klar verständliche Worter und Symbole.

3 Verwenden Sie Farben sparsam und sinnvoll.

4 Achten Sie auf die Wirkung von Lichtverhältnissen und die Entfernung von Bild und Betrachter. Falls Schrift zum Einsatz kommt: Lesbarkeit (Schriftgröße!) prüfen.

5 Verwenden Sie einfache Mittel, wenn diese den Zweck erfüllen.

6 Vermeiden Sie zu lange Präsentationszeiten.

7 Sorgen Sie für angepasste und verlässliche Präsentationsgeräte.

8 Beim Einsatz von einem Beamer: immer wieder abschalten (Laufgeräusch stört, Helligkeit ermüdet).

Wie steht es mit akustischen Hilfsmitteln?

Wenn Sie akustische Hilfsmittel verwenden, müssen Sie sehr lange Präsentationen auf jeden Fall vermeiden. Alles was mit Hilfe einer Tonaufnahme mitgeteilt wird, wird am besten aufgenommen, wenn es kurz und bündig ist. Der Hörer verliert in der Regel relativ schnell das Interesse, je nach Stoff schon nach 10 Minuten. Nicht vergessen werden sollte in diesem Zusammenhang, dass Menschen unterschiedliche Hörfähigkeiten haben. Hörschwierigkeiten sind gar nicht so selten. Deshalb muss sichergestellt werden, dass alle den Text hören können. Verwenden Sie nur die am besten geeigneten Hilfsmittel, damit Sie eine möglichst große Wirkung erzielen können.

Ein weiterer Aspekt, wie die besten Ergebnisse mit visuellen und akustischen Hilfsmitteln erzielt werden, ist zu wissen, wo, wann und wie sie zu verwenden sind: Bringen Sie sie mit den anderen Teilen Ihrer Präsentation in Einklang. Selbst eine optimal vorbereitete Hilfe wird versagen, wenn sie zur falschen Zeit verwendet wird.

Medien sind nur als Unterstützung von ganz bestimmten Punkten anzuwenden. Sie sind kein dramaturgisches Spielzeug, aber sie können ein dramaturgisches Mittel sein.

Wie Sie Ihren Arbeitsplatz perfekt organisieren

Arbeitshilfen, wie z.B. Ordner, Fax, Outlook oder andere „Hardware" nützen uns nur, wenn wir mit ihnen auch sinnvoll umgehen, d.h. wenn wir sie mittels bestimmter Verhaltens-weisen beherrschen. Das beste Ordnungssystem bringt nichts, wenn sein Benutzer chaotisch ist und z.B. Briefe ohne Syste-matik irgendwo ablegt.

In diesem Kapitel erfahren Sie

- wie Sie Ihren Schreibtisch stets übersichtlich halten und
- wie Sie ein strukturiertes Ablagesystem aufbauen.

Sorgen Sie für einen aufgeräumten Arbeitsplatz

Der Arbeitsplatz, ob im Büro oder zu Hause, ist der Ort, an dem Sie Ihrer Kernaufgabe nachgehen können und an dem es Spaß machen sollte zu arbeiten. Idealerweise ist der Arbeitsplatz nur von den Hilfsmitteln und technischen Unterstützungen (Bildschirm, PC) umgeben, die man tatsächlich braucht.

Der typische Arbeitsplatz sieht jedoch meist anders aus: Er enthält eine Reihe von Stapeln – alles Ablagen, die nicht strukturiert sind. In den Schränken finden sich verschiedene Ordner mit den unterschiedlichsten Themen und verschiedenen Zuordnungen. Möglicherweise gibt es auch noch auf Sideboards, am Boden und auf dem Fensterbrett, auf der Klimaanlage – oder wo sonst früher einmal eine freie Fläche war – eine Reihe von Vorgängen, Interessantem, Büchern, Prospekten und diesem und jenem.

Auf dem Schreibtisch türmen sich neben Telefon, Kalender und Büromaterial Ablagen von aktuellen Aufgaben, vermischt mit Briefen, Besprechungsnotizen, etc. Daneben liegen alte Unterlagen, Zeitschriften und Briefe. Gelbe Haftzettel kleben hier und da. Oder es stapeln sich verschiedene Aufgaben in Klarsichthüllen und Ablagekästen, die in sich unterschiedlich hohe und niedrige Prioritäten bergen. Darunter viel Material, das „eigentlich" schon längst in den Abfallkorb gehört.

Auch die Ordner in den Schränken quellen oft über. Mit Unterlagen von Personen, die schon gar nicht mehr im Unternehmen, oder mit Dokumentationen von Aufgaben, die schon lange erledigt sind.

Potenziert wird diese Unübersichtlichkeit noch dadurch, dass das papierlose Büro in der Regel zu noch mehr Papier führt. Meiden Sie unbedingt die Verhaltensweise, Mails, Präsentationen, Briefe etc. zur Sicherheit oder einfach, weil man das schon immer so gemacht hat, auszudrucken, denn das hat eine ungeordnete Papierflut zur Folge.

Jedenfalls erfordert es viel zusätzlichen Zeitaufwand, das Chaos in der eigenen Ablage zu bereinigen. Häufig scheinen auch inneres und äußeres Chaos zusammenzuhängen. Wer sich daher über seine Prioritäten und Ziele Klarheit verschafft, tut sich leichter, auch für Klarheit an seinem Arbeitsplatz zu sorgen.

Was tun, wenn es unübersichtlich wird?

Bei solchen „historisch gewachsenen" Ablagen bekommen viele regelmäßig ihren „Aufräumanfall", meist vor dem Urlaub, vor Weihnachten oder Silvester. Dann wird zwar viel weggeschmissen – aber machen Sie sich nichts vor: Es dauert nur kurze Zeit, und schon beginnen die Stapel wieder von neuem zu wachsen. Die Hauptursache ist, dass es eben kein Ordnungssystem gibt, das laufend die hereinströmenden Informationen von ganz alleine sortiert. Also müssen wir es selbst tun!

Eine einfache Erklärung für unser Verhalten des „Nicht-Weg-schmeißen-Könnens" ist wohl das archaische Jäger- und Sammlerverhalten. Unsere Vorfahren – bis nach dem Krieg –

überlebten nur, wenn sie fleißig sammelten und Wiederverwertbares aufhoben. Nur haben sich die Zeiten inzwischen geändert. Eine unsystematische Vorratshaltung von Papier und Daten führt jedenfalls zu einer immer größer werdenden „Vermüllung".

Es gibt zwei sinnvolle Maßnahmen, die Sie ergreifen und auch langfristig durchhalten sollten:

- Unbrauchbares sollten Sie regelmäßig entsorgen.
- Räumen Sie Ihren Schreibtisch und Ihren Arbeitsplatz konsequent auf.

Welche Vorteile haben ein übersichtlicher Arbeitsplatz und Schreibtisch?

Ein überquellender Schreibtisch ist ein Hort der Ablenkung. Wenn Aufgaben einmal angefangen sind, springt einem natürlich irgendwann prompt die nächste ins Auge. Es ist dann ein leichtes, den gerade bearbeiteten Vorgang hinzulegen und einen neuen, lustvolleren zu beginnen. Dies geht jedoch auf Kosten der Effizienz (siehe auch Kapitel „Leistungsfresser").

Es hat also durchaus Sinn, auf dem Schreibtisch Ordnung zu schaffen:

- Ein aufgeräumter Schreibtisch verhindert Ablenkungen.
- Ein aufgeräumter Schreibtisch führt zu weniger innerem Druck („Ich müsste eigentlich noch dieses und jenes tun."). Man sieht nicht laufend „diffus unerledigte" Sachen rumliegen.

- Ein aufgeräumter Schreibtisch verhindert, dass man Aufgaben anfasst, sie aber möglicherweise gleich wieder weglegt.

- Ein aufgeräumter Schreibtisch verhindert auch, dass man verschiedene Aufgaben gleichzeitig, je nach Lust und Laune, bearbeitet und dadurch viel Zeit verliert.

> Eine Prioritätenliste und ein aufgeräumter Schreibtisch unterstützen das Abarbeiten der wirklich wichtigen Aufgaben.

Wie gehen Sie vor?

Doch wie kommt man zu einem dauerhaft aufgeräumten Schreibtisch bzw. Arbeitsplatz?

1 Schaffen Sie günstige Voraussetzungen für die „Aufräumarbeiten":

– Reservieren Sie für die erste Aktion mindestens zwei bis vier Stunden Zeit.

– Nehmen Sie sich vor, die ganze Aufgabe in einem Zug zu lösen. Sie müssen sich fest entschließen, diese Aufgabe ein für alle Mal zu lösen und den Arbeitsplatz komplett aufzuräumen. Erlauben Sie sich keinesfalls irgendwelche Nischen.

– Weiter müssen Sie sich vornehmen, die neue Struktur des Arbeitsplatzes mindestens vier Wochen durchzuhalten.

– Jeden Abend müssen Sie mit sich selber abmachen, ca. fünf Minuten Zeit in das nochmalige Aufräumen zu investieren. Sie müssen bereit sein, am Anfang etwas mehr Zeit aufzuwenden.

– Holen Sie sich Verbündete: Möglicherweise hilft Ihnen eine Kollegin/ein Kollege bei dieser Aufgabe. Wenn Sie zu zweit aufräumen, fällt die Wegwerfentscheidung oft leichter.

2 Sie fangen an einer Stelle, z. B. links oben an, und gehen Stapel für Stapel und Bündel für Bündel durch. Klären Sie, ob Sie diesen Stapel wirklich täglich brauchen. Wenn Sie den ganzen Stapel wirklich täglich brauchen (z. B. die aktuellen Vorgänge), überlegen und entscheiden Sie, ob er bei Ihnen liegen muss. Möglicherweise können Sie diesen Vorgang auch so lange im Posteingangskorb, im Sekretariat oder in einem Hängeschrank lassen, bis Sie ihn brauchen.

3 Wenn Sie auf Papiere, Zeitschriften oder Vorgänge stoßen, die Sie nie gelesen haben und auch nicht weiter verwenden, dann werfen Sie sie einfach weg. Werfen Sie alles weg, was Sie im vergangenen Zeitraum von vier Wochen nicht verwendet haben. Sie werden im ersten Moment natürlich sagen, dass das nicht geht und dass man ja nicht weiß, ob man das Papier nicht doch noch einmal braucht. Seien Sie einfach ehrlich zu sich selber: Nutzen Sie das, was Sie in der Hand halten, wirklich?

4 Sie kommen dann auch an den Punkt, wo Sie auf Papiere und Vorgänge aufmerksam werden, die sie noch brauchen. Und stellen womöglich fest, dass Sie keine dafür strukturierte Ablage haben. An diesem Punkt könnten Sie an die Gestaltung Ihres Ablagesystems gehen, was Sie sicherlich ein bis zwei Stunden in Anspruch nehmen wird. Wie Sie diese Aufgabe lösen, steht im folgenden Kapitel.

Ein Trick noch zum Abschluss: Wenn Sie unsicher sind, ob Sie etwas nicht doch noch brauchen, empfiehlt sich die Monatskiste: Im September z. B. schmeißen Sie alles in eine Kiste, was als „Wegwerfkandidat" in Frage kommt. Was Sie davon im Laufe der Zeit nicht dringend benötigt und herausgeholt haben, brauchen Sie tatsächlich nicht. Schmeißen Sie dann am 31. Oktober den gesamten Inhalt unbesehen weg. Unbesehen deshalb, um nicht doch wieder schwach zu werden.

> Wenn Sie in der nächsten Zeit nicht mindestens 3 bis 4 Mal etwas suchen, was Sie hatten, fahren Sie immer noch mit übergroßer Vorratshaltung. Sie bunkern mehr als Sie brauchen. Sie haben das Ziel, Unbrauchbares konsequent wegzuwerfen, noch nicht erreicht.

Test: Wie gut ist Ihr Arbeitsplatz organisiert?

Test	Ja	Nein
Kommen Vorgänge durcheinander, wenn Sie Ihren Schreibtisch schnell aufräumen?		
Stapelt sich Papier auf Ihrem Schreibtisch?		
Wachsen die Papierstapel?		
Bewegen Sie diese Papierstapel häufig hin und her, um das Gesuchte zu finden?		
Liegen Vorgänge unsortiert auf Ihrem Schreibtisch?		
Suchen Sie manchmal vor einer Reise Fahrkarten, Flugscheine, Hotelreservierungen oder wichtige Unterlagen im letzten Moment zusammen?		

Test	Ja	Nein
Kommt es vor, dass Sie bei Sitzungen oder Besprechungen wichtige Notizen nicht zur Hand haben?		
Sind Ihnen schon mal Elemente oder Details Ihrer Projekte „entschlüpft"?		
Suchen Sie ab und zu nach Rechnungen oder anderen Belegen?		

Auflösung

0 × Ja: Herzlichen Glückwunsch! Sie führen Ihren Schreibtisch mustergültig.

1 × Ja: Kümmern Sie sich um diesen Punkt. Machen Sie einen Aktionsplan, wie Sie das Problem zukünftig vermeiden.

2 × Ja: Planen Sie Zeit ein, um auf Ihrem Schreibtisch „klar Schiff" zu machen.

Ab 3 × Ja: Sofortige Aktion ist notwendig!

Das Ablagesystem nach Maß

Das Ablagesystem hilft, sich einen Überblick über gespeicherte Informationen in schriftlicher und bildlicher Form oder über ein sonstiges Medium zu verschaffen. Ein Ablagesystem sollte jeder für sich definieren und darin nur die Dokumente aufbewahren, die für die Bearbeitung der eigenen Aufgaben notwendig sind.

Typisch für ein nicht-funktionierendes Ablagesystem ist z.B., dass bei einem Umzug ein Rest an Unterlagen am alten Ort bleibt. Und später weiß niemand mehr, was damit gemacht werden soll.

Es fällt immer wieder auf, dass viele Ablagesysteme unsystematisch aufgebaut sind. Sie sind in der Regel historisch gewachsen. Beispielsweise ist das Ablagesystem im Computer anders organisiert als im Ordner. Das führt zu unterschiedlichem Ablageverhalten, zu Doppelführungen und damit zur Verwirrung. Zum Teil ist die Ablage chronologisch organisiert, zum Teil alphabetisch. Dann gibt es wieder themenbezogene Informationsablagen. Manchmal ist der Nutzen unklar, und auch, ob die Dokumente jemals wieder gebraucht werden. Daraus entsteht eine Unmenge an unsystematisch archivierten Dokumenten.

Das Chaos im PC ist zwar nicht sichtbar, aber doch vorhanden. Dort ist es nach ca. drei bis fünf Jahren fast unmöglich, bestimmte Texte, Tabellen, Präsentationen auf Anhieb zu finden. Viel Zeit wird mit Suchen verschwendet. Die Verhaltensweise, spontan Ordner, Unterordner und nochmals Unterordner auf dem Rechner zu schaffen und nach Bedarf alles darin abzuspeichern, führt früher oder später zu einer vollen Festplatte, zumindest aber zum Qualitätsverlust, weil nicht mehr transparent ist, welche Informationen überhaupt verfügbar sind und welche Informationen systematisch wohin gehören.

Gerade im Computer wird zwar fleißig abgelegt, aber nie bzw. sehr selten die komplette Ablage durchgesehen und Unnötiges entsorgt.

Gesteigert wird dieses Problem für die Nutzer von Intranet und Internet, weil dort die Möglichkeiten von Informationssammlung schier unbegrenzt scheinen – aber die Möglichkeit, die Informationen zu ordnen, selten wahrgenommen wird (etwa durch ein Favoritensystem).

Welchen Nutzen hat eine strukturierte Ablage?

Die Vorteile einer strukturierten Ablage liegen auf der Hand:

- Informationen können schnell eingeordnet und wieder aufgefunden werden.

- Man erhält einen schnellen Überblick über alle Informationen.

- Stellvertreter, die Aufgaben übernehmen müssen, finden sich leichter zurecht.

- Fairness: Ein klares Ablagesystem hilft anderen Kollegen Inhalte schneller zu finden.

- Überblick: Als Projektleiter/Vorgesetzte kann man das Ganze besser im Auge behalten; damit wird die Ablage zum Führungsinstrument.

- Der physische Raumbedarf wird in Grenzen gehalten.

- Eine dünne Ablage sammelt weniger Papier und damit weniger Staub an. Damit werden Pantoffeltierchen und Schädlinge gering gehalten und die gesundheitliche Belastung verringert sich.

Wie wird eine Ablage aufgebaut?

1   Analysieren Sie die eigenen Kernaufgaben.

2   Bilden Sie dann Blöcke, und zwar nicht mehr als 10 Hauptblöcke. Beispiele für Hauptblöcke könnten Kunden, Lieferanten, Produkte, Projekte, Werkzeuge, Mitarbeiter oder Verantwortungsbereiche sein.

3   Wenn Sie die Hauptblöcke identifiziert haben, bilden Sie Unterstrukturen. Eine mögliche Unterstruktur bildet die alphabetische Ordnung von A – Z, eine weitere die chronologische Sortierung.

Eine Möglichkeit die Hauptblöcke zu identifizieren, zeigt das folgende Beispiel:

Beispiel:

Sie erhalten von Lieferanten bestimmte Dienstleistungen oder Produkte. Somit ist die erste Hauptgruppe die der Lieferanten – von A bis Z. Die zweite Hauptgruppe ist das, was Sie an verschiedenen Dienstleistungen oder Produkten erhalten. Dann können diese Produkte in einer weiteren Hauptgruppe alphabetisch kategorisiert werden. Sie selber veredeln diese Produkte, arbeiten also mit diesen Produkten mittels bestimmter Werkzeuge. Diese Werkzeuge können nun selbst wieder kategorisiert werden. Eine nächste Hauptgruppe sind Ihre Mitarbeiter. Schließlich geben Sie die Produkte an jemanden weiter – die nächste Hauptgruppe wären also die Kunden. Eine weitere Hauptgruppe bilden die unterschiedlichen Informationsquellen und Informationen, die das Unternehmen an Sie heranträgt. Es könnten dies auch Besprechungsrunden innerhalb Ihrer Organisation sein, die nicht direkt an Ihre Aufgaben gebunden sind.

Wie sehen die Unterkategorien aus? Wenn Sie z. B. in Projekten arbeiten, könnten Sie diese wiederum

- nach Name alphabetisch oder
- nach Datum chronologisch ordnen.

Eine weitere Unterstruktur bei Projekten wäre der Projektablauf. Er setzt sich möglicherweise aus den Meilensteinen Vorstudie, Hauptstudie, Programmierung, Test und Übergabe an die Linie zusammen. Möglicherweise wiederholt sich dieser Ablauf immer wieder. Manchmal fehlen auch bestimmte Elemente, dann bleiben diese Unterordner einfach leer.

Beispiele für Ablagestrukturen

Der Aufbau der Ablage einer Führungskraft kann sich etwa nach deren Aufgaben richten:

- Mitarbeiter
  - Einstellung
  - Kündigung
  - Entwicklung
  - Zielvereinbarung
  - Leistungsbeurteilung
  - Ausbildung
- Pläne und Reporting
  - Monat
  - Quartal
  - Jahr

- Fachaufgaben, z. B. Projekte
  - nach Projektstufen
  - Vorstudie
  - Konzept

    Realisierung
  - Test
  - Einführung
- Weitere administrative Infos (Prüfen, ob überhaupt abgelegt werden muss?)
  - spezielle Themen
  - ...

Wenn Sie mehrere Mitarbeiter, Fachaufgaben und Projekte haben, dann ordnen Sie diese alphabetisch oder chronologisch. Das erleichtert die Identifikation.

Für einen Berater stellt sich die Systematik z. B. wie folgt dar:

Ablagestrukturen eines Beraters

Produkte	
Produkt A	**Produkt B**
Instrumente	Instrumente
Tests	Tests
Teilnehmerunterlagen Spiele	Teilnehmerunterlagen Spiele
Konzeptionen	Konzeptionen

Kunden	
Kunde A	**Kunde B**
Verträge Schriftwechsel	Verträge Schriftwechsel
Abmachungen und Konditionen	Abmachungen und Konditionen
Lieferanten	
Lieferant A	**Lieferant B**
Verträge	Verträge
Schriftwechsel	Schriftwechsel
Abmachungen und Konditionen	Abmachungen und Konditionen
Produktinformation	Produktinformation

Von Ablageformen und Hilfsmitteln

Dann gilt es, die richtige Ablageform auszuwählen. Die Auswahl richtet sich nach den betrieblichen Gegebenheiten. Dabei gilt das Prinzip, dass Sie sich möglichst auf eine Ablageform einigen.

Möglich sind folgende Ablageformen:

- Ringordner
- Hängemappe
- Ablagekästen
- Wiedervorlage-/Arbeitsmappen (1–31; A–Z; 1–7, etc.)
- Schnellhefter

- Karteikasten
- Elektronische Systeme (E-Dokumente, Datenbanken, elektronische Archive).

Arbeitshilfen werden täglich benutzt. Dazu zählen Instrumente, Papiere oder elektronische Geräte. Sie helfen den täglichen Arbeitsablauf technisch zu unterstützen. Es gibt dabei unserer Ansicht nach nicht das universelle Instrument. Wir unterscheiden zwischen solchen, die der eigenen Arbeitssituation und den persönlichen Neigungen entsprechen und solchen, die es nicht tun. Wichtig ist, dass die Instrumente auch zu einem selbst passen. Wer beispielsweise noch Mühe mit der Elektronik hat und sie ablehnt, braucht entsprechende andere Mittel in reiner Papierform:

- Bei Papier empfiehlt es sich, mit Hängeregistraturen zu arbeiten: der Nutzen ist der schnelle Zugriff. Blöcke bleiben übersichtlich und klein, eignen sich aber nicht gut zur Archivierung. Die Mappe kann gut mitgenommen werden. Ordner muss man bei großem Volumen immer als Ganzes aufmachen, was länger dauert, als eine Mappe zu öffnen.
- Nicht jede Ablageform eignet sich für jedes Dokument. Zum Beispiel ist es sinnvoll, für die Ablage von Rechnungen oder Lieferscheinen etc. eine Form zu wählen, bei der Sie die Dokumente einheften können. Für die Ablage von Prospekten oder Produktproben ist es sinnvoll eine Form zu wählen, in der Sie verschiedene Formate ablegen können.

Einige abschließende Tipps: Lassen Sie sich erst verschiedene Ablageformen zeigen und entscheiden Sie sich dann für das passende System. Überlegen Sie auch, welche Softwareanwendungen (etwa MS Project, Intranet) das gesamte Datenmanagement in Ihrem Unternehmen unterstützen können. Bei der Frage nach der Archivierung wichtiger Dokumente empfiehlt es sich, nach einer einheitlichen Lösung für das ganze Unternehmen zu suchen.

Ausblick

Sie haben beim Durcharbeiten erste Schritte in einem Prozess gemacht. Hören Sie jetzt bitte nicht auf!

Wenn Sie das Gefühl hatten, an diesem oder jenem Punkt steckt eine Wahrheit dahinter, arbeiten Sie genau hieran! Sie haben das Problem erkannt. Machen Sie den nächsten Schritt. Wie sieht die Lösung aus? Bis wann soll das Problem gelöst sein? Seien Sie konsequent, bis Sie in diesem Selbstmanagement-Bereich eine Routine entwickelt haben. Und dann machen Sie am nächsten kritischen Punkt weiter. Setzen Sie auch hier die Prioritätenliste ein.

Arbeiten Sie nicht nur „irgendwie" an sich – also womöglich nur dort, wo es gerade besonders leicht fällt. Tun Sie es mit ganz konkreter Zielsetzung und mit ganz konkreten Hilfsmitteln. Lassen Sie sich nicht ablenken!

Wenn etwas schief geht oder nicht auf Anhieb klappt, verzweifeln Sie nicht. Sicher wissen Sie dann auch schon, woran es gelegen hat und wo Sie ansetzen müssen. Und freuen Sie sich, wenn Sie langsam so manches in Ihrem Arbeitsalltag besser in den Griff bekommen.

Wir wünschen Ihnen

- die Weisheit, zurückzublicken und die Vergangenheit zu verstehen;
- die Offenheit und Freude, die Gegenwart aufzunehmen,
- und die Geduld mit sich selber, das Erkannte mit Mut und Kraft im Vorwärtsgehen umzusetzen.

Entscheiden Sie jetzt über Ihre nächsten konkreten Schritte!

Teil 2: Zeitmanagement

Vorwort

Haben Sie oft das Gefühl, der Zeit hinterherzurennen? Oder hetzen Sie von einem Termin zum anderen? Oder finden Sie nie Zeit für das, was Sie schon immer einmal machen wollten? Dann ist es höchste Zeit für ein effektives Zeitmanagement.

In diesem TaschenGuide lernen Sie, wie Sie Ihren Tag und Ihre Woche sinnvoll planen. Sie erfahren, wie Sie Ihre Ziele definieren, die richtigen Prioritäten setzen, mit Zeitfressern besser umgehen sowie effektiver und effizienter arbeiten. Neben bewährten Zeitmanagement-Techniken stellen wir Ihnen eine Reihe von Hilfsmitteln vor, die Ihnen die Planung erleichtern. Übungen und Checklisten runden den Band ab.

Gutes Zeitmanagement zu erlernen und zu perfektionieren funktioniert nicht von heute auf morgen, es ist eine Lebensaufgabe. Doch wenn Sie anfangen, die Grundregeln auch umzusetzen, werden sich erste Erfolge schnell einstellen. Mit etwas Disziplin werden Sie bald weniger Stress sowie die Zeit und Freiheit haben, um das zu tun, was Ihnen wirklich wichtig ist. Damit Sie jeden Tag genießen, auf große Veränderungen hinarbeiten und Ihren Lebenszielen ein Stück näher kommen können.

Prof. Dr. Jörg Knoblauch, Holger Wöltje

Ihr Schlüssel zu effektivem Zeitmanagement

> „Wenn ich nicht weiß,
> in welchen Hafen ich segeln will,
> dann ist kein Wind für mich der richtige."
> *Seneca*

Zum professionellen Zeitmanagement gehört viel mehr, als man zunächst vermuten möchte.

Nach einem kurzen Einstufungstest erfahren Sie in diesem Kapitel, wie Sie

- Ihre Ziele definieren und formulieren,
- effektiver arbeiten,
- Prioritäten setzen und
- trotz beruflichen Drucks ein ausgeglichenes Leben führen können.

Testen Sie Ihr Zeitverhalten

Im Folgenden finden Sie acht kurze Fragen, die Ihnen helfen, Ihr Zeitverhalten zu erkennen. Kreuzen Sie spontan an, wo Sie heute stehen.

1   Ich habe klare Ziele, an denen ich mich ständig orientiere, und weiß, was ich erreichen will.

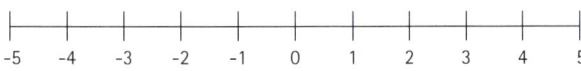

2   Für diese Ziele kenne ich Schlüsselaufgaben, die mich weiterbringen, und setze eindeutige Prioritäten.

3   Ich fühle mich ausgeglichen und kann negativen Stress schnell sowie vollständig kompensieren – mein Leben ist in Balance.

4   Ich benutze eine sorgfältige Wochen- und Tagesplanung, die ich ständig verbessere.

5 Ich verfüge über ein Zeitplansystem, das ich sinnvoll für diese Planung nutze.

6 Störungen und Unterbrechungen habe ich im Griff. Papierkram und E-Mails bewältige ich souverän.

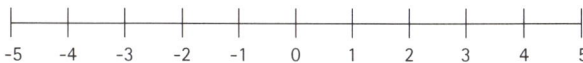

7 Ich kenne meine Stärken und Schwächen und weiß, wo mein größtes Optimierungspotenzial liegt.

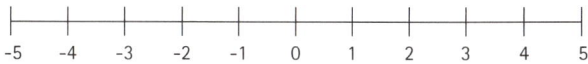

8 Ich habe die Einstellung „Ich kann es!" und einen Aktionsplan zur Verbesserung meines Zeitmanagements.

Wie Sie mit dem TaschenGuide arbeiten

Um den größten Nutzen aus diesem TaschenGuide zu ziehen, greifen Sie sich als ersten Ansatz für Veränderungen die Frage mit der niedrigsten Punktzahl heraus. Das ist das Thema mit Ihrem höchsten Verbesserungspotenzial.

Die Fragen eins bis drei entsprechen den Überschriften in diesem ersten Kapitel „Ihr Schlüssel zum effektiven Zeitmanagement". Die Themen der Frage vier und fünf finden Sie im Kapitel zwei „So planen Sie Ihre Aufgaben und Ihre Zeit" behandelt, die der Frage sechs im dritten Kapitel „So gestalten Sie Ihren Tag". Die Fragen sieben und acht schließlich sind Thema des letzten Kapitels „So werden Sie Ihr Zeitmanager".

Ziele – wissen, wohin ich will

In dieses Kapitel möchten wir Sie mit einer kleinen Geschichte einführen.

Warum Ziele so wichtig sind

Die kalifornische Küste lag nebelverhangen da an jenem Morgen des 4. Juli 1952. 34 Kilometer westlich davon, auf der Insel Catalina, watete eine 34-jährige Frau ins Wasser und schickte sich an, in Richtung Kalifornien zu schwimmen, entschlossen, diese Strecke als erste Frau zu bewältigen. Ihr Name war Florence Chadwick. Sie war bereits die erste Frau gewesen, die den Ärmelkanal in beiden Richtungen durchschwommen hatte. Das Wasser war eiskalt, und der Nebel war so dicht, dass sie kaum die Begleitboote ausmachen konnte.

Millionen schauten über die nationalen Fernsehsender zu. Mehrmals mussten Haie mit Gewehren vertrieben werden, um die einsame Gestalt zu schützen. Die Müdigkeit war nie ihr großes Problem bei diesen Schwimmleistungen gewesen – es war die eisige Kälte, die ihr zu schaffen machte.

Über fünfzehn Stunden später bat sie, steif vor Kälte, aus dem Wasser geholt zu werden. Sie konnte nicht mehr. Ihre Mutter und ihr Trainer, die im Boot neben ihr herfuhren, sagten ihr, dass die Küste schon ganz nah sei. Sie drängten sie nicht aufzugeben, aber als sie zur kalifornischen Küste hinüberschaute, sah die Schwimmerin nichts als den dichten Nebel und bat darum, herausgeholt zu werden. Stunden später, als ihr Körper sich erwärmt hatte, kam der Schock über ihren Misserfolg. Nur eine halbe Meile vor der kalifornischen Küste war sie aus dem Wasser gezogen worden!

Ein Reporter fragte sie: „Miss Chadwick, was hat Sie davon abgehalten, diese letzte halbe Meile zu schwimmen?" „Es war der Nebel", antwortete sie. „Wenn ich das Land hätte sehen können, hätte ich es geschafft. Wenn man da draußen am Schwimmen ist und sein Ziel nicht sehen kann ..."

Ziele motivieren

Der Satz von Miss Chadwick wurde weltberühmt: „Es war der Nebel – wenn ich das Land hätte sehen können, ..." Da sie ihr Ziel aus den Augen verloren hatte, gab sie kurz vorher auf. Dasselbe passiert tagtäglich vielen Menschen in allen möglichen Lebens- und Berufsbereichen.

Erst klare Ziele helfen, herausragende Ergebnisse zu erreichen. Nur wenn Sie wissen, wo genau Sie hin wollen, können Sie den genauen Weg dorthin festlegen und sofort die ersten Schritte in die richtige Richtung gehen.

Deshalb sind folgende Fragen so wichtig:

- Was sind meine beruflichen Ziele?
- Was sind meine geistigen Ziele? (Welche Fähigkeiten will ich mir aneignen?)
- Was sind meine familiären und gesellschaftlichen Ziele?
- Was sind meine geistlichen Ziele? (Was will ich für meine Seele tun? Was ist der Sinn meines Lebens und Tuns?)
- Wo liegen meine finanziellen Ziele?

Wenn wir ein hochgestecktes Ziel erreicht haben, ist das nicht nur Grund zur Freude und macht stolz, sondern spornt auch zu weiteren Leistungen an.

Was Ziellosigkeit bewirkt

Wenn wir keine Ziele haben, so können wir auch keine Pläne für unser Vorgehen machen. Die großen Erfolgserlebnisse bleiben aus, da wir ja selber nicht wissen, was wir überhaupt erreichen wollen und als Erfolg definieren. Dies wiederum führt zu Enttäuschungen und einem sinkenden Selbstwertgefühl. Am Ende stehen schließlich Motivations- und Lustlosigkeit, die uns den Antrieb verlieren lassen, so dass wir noch weiter davon entfernt sind, uns Ziele zu setzen usw. – ein fataler Kreislauf.

Beispiel:

 Anton Krämer soll das Geschäft für Herrenbekleidung seines Vaters fortführen, der sich aufs Altenteil zurückzieht. „Ich müsste den Laden mal auf Vordermann bringen", denkt er sich. „Hier ist alles so altmodisch." Doch dazu müsste er viel Geld und Energie investieren. Ohnehin kein geborener Unternehmer, steigt Herr Krämer nur halbherzig ein. Ständig unentschlossen, ob er das Geschäft nun eigentlich weiterführen will, verändert er nichts. So vergehen einige Jahre. Schließlich gibt Herr Krämer das Geschäft frustriert auf.

Der Kreislauf der Ziellosigkeit

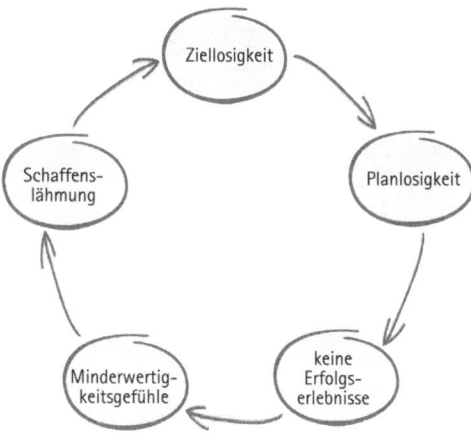

Ohne Ziele geraten wir in eine Negativspirale, die sich immer weiter nach unten dreht

Ziele machen erfolgreich

Doch es gibt einen Weg hinaus: Wenn wir beginnen, uns zuerst kleine, einfache, aber erreichbare Ziele zu setzen, so können wir auch den Weg zum Erfolg festlegen. Wenn wir das Ziel schließlich erreichen, stärkt dieses Erfolgserlebnis unser Selbstvertrauen. Wir fühlen uns gut und motiviert, wir erhalten neue Energie. Wir bekommen Lust darauf, uns weitere Ziele zu setzen, die wir nun ein kleines bisschen höher stecken können.

Wichtig ist, dass Sie sich die Ziele am Anfang nicht zu hoch stecken. Sie sollen sich schon etwas anstrengen müssen, um Ihr Ziel zu erreichen, aber es muss machbar sein.

Es ist übrigens belegt, dass klare, schriftlich festgelegte Ziele Erfolg bringen:

Beispiel: Ziele und Karriere

Eine in den USA regelmäßig durchgeführte Langzeitstudie der Harvard University zum Thema „Werdegang von Studienabgängern über einen sehr langen Zeitraum" zeigt folgende Resultate:

83 % der Studienabgänger hatten keine Zielsetzung für ihre Karriere. Ihr durchschnittlicher Dollar-Verdienst wurde als Vergleichsgrundlage herangezogen.

14 % hatten klare Zielsetzungen für ihre Karriere, hatten sie aber nicht schriftlich festgelegt. Sie verdienten im Schnitt dreimal so viel wie die erste Gruppe.

3 % hatten klare Zielsetzungen für ihre Karriere und hatten diese schriftlich festgelegt – sie verdienten im Schnitt zehnmal so viel.

Vermutlich hätten Sie diese geringe Zahl nicht erwartet, oder? Wenn Sie also jemanden auf der Straße anhalten und ihn fragen: „Haben Sie ein schriftliches Lebens- oder Jahresziel?", dann ist bei 97 % aller Befragten Fehlanzeige.

> Die Harvard-Ziel-Studie macht übrigens noch einen weiteren Aspekt deutlich: Schriftlichkeit zwingt zu gedanklicher Klarheit. Wer seine Gedanken nur im Kopf hat, und meint, dies sei ein Ziel, der irrt.

Erstens kommt es anders und zweitens als man denkt

Der Grund, weshalb viele Menschen um Ziele einen großen Bogen machen liegt darin, dass sie in der Vergangenheit enttäuscht wurden. Sie haben sich etwas vorgenommen, dann jedoch haben sich die Dinge völlig anders entwickelt.

Eine Anekdote

Beispiel:

 Ein Zugreisender steht am Bahnsteig und wartet auf seinen verspäteten Zug. Regen, Schnee und Hagel verschlechtern seine ohnehin schlechte Stimmung noch weiter. Schließlich wendet er sich völlig empört an den InfoPoint: „Wozu gibt es überhaupt einen Fahrplan, wenn sich eh niemand daran hält?" Der Servicemitarbeiter entgegnet daraufhin gelassen: „Woher wüssten Sie, dass dieser Zug 20 Minuten Verspätung hat, wenn wir keinen Fahrplan hätten?"

Diese kleine Anekdote zeigt: Nur wer ein Ziel hat, kann über Abweichungen reden oder erkennen, dass er auf dem falschen Weg ist. Er kann sich von Situation zu Situation neu entscheiden, wie er mit dieser Abweichung nun umgeht. Bestimmte Umstände erfordern manchmal auch eine Anpassung oder grundlegende Änderung des Ziels.

Unsere Definition für das Arbeiten mit Zielen heißt daher: Abweichungen managen.

Wie Sie Ziele formulieren

Ziele haben viele Kriterien. Zwei davon sind die wichtigsten, aus denen sich alle anderen ableiten lassen:

- Ziele sind messbar.
- Ziele sind machbar.

Messbarkeit

Messbar bedeutet, dass Sie mit Ihren Zielen die sogenannten Polizeifragen – auch „W-Fragen" genannt – beantworten: Wer? Was? Wie viel? Wo? Wann? Warum?

Machbarkeit

Setzen Sie Ihre Ziele zwar hoch und herausfordernd, aber nicht unerreichbar. „If you can dream it, you can do it." – Dieser Satz stimmt so nicht. Jeder Mensch hat seine Grenzen, und die äußeren Umstände erlauben nicht alles. Dies gilt es optimistisch, aber realistisch zu berücksichtigen. Für die meisten Menschen ist es z. B. völlig unrealistisch, in zwei Wochen dauerhaft zehn Kilogramm abnehmen zu wollen. Gleichzeitig unterschätzen viele jedoch, was im Laufe mehrerer Monate oder Jahre alles möglich ist. Erwarten Sie ruhig etwas von sich. Nur wenn Sie sich Großes vornehmen, können Sie auch Großes erreichen.

Formulieren Sie Ihre Ziele positiv motivierend

Um sich optimal auf die Erreichung Ihrer Ziele zu „programmieren", brauchen Sie eine positive und motivierende Formulierung. Durch Verneinungen und negative Ausdrucksweise hemmen Sie sich selbst. Formulieren Sie daher beispielsweise nicht: „Ich will nicht noch dicker werden, als ich eh schon bin", sondern: „Ich werde bis zum Jahresende mein Gewicht von 85 kg halten und bis zum nächsten Sommer auf 80 kg reduzieren."

> „Wer vom Ziel nicht weiß, kann den Weg nicht haben. Wird im Kreise dann all sein Leben traben." *Christian Morgenstern*

Aus Wünschen Ziele formulieren

Sind Formulierungen wie „Ich möchte mehr für meine Weiterbildung tun" oder „Ich will ein besserer Vater sein" schon ein Ziel? Erinnern Sie sich? Die Kriterien sind: Ist es messbar? Ist es machbar? Damit wird klar: Die beiden Formulierungen sind sicher machbar, aber nicht messbar.

Beispiel: Erfolg versprechende Zielformulierungen

 Gute Zielformulierungen, die Ihnen helfen, gleich die ersten Schritte zu gehen, wären beispielsweise:

„Ich werde morgen zur Volkshochschule gehen und mir ein aktuelles Programm besorgen. Ich werde mindestens einen Sprachkurs in diesem Jahr belegen und täglich mindestens 15 Minuten dafür üben."

„Ich werde ab sofort jede Woche – komme was wolle – vierzehn Tage im Voraus in meinem Kalender einen Termin für eine Stunde Tennis mit meiner Tochter eintragen. Wir gehen zu Fuß zum Tennisplatz, damit wir uns auf der Strecke ungestört eine halbe Stunde unterhalten können."

Übung: Formulieren Sie aus Wünschen Ziele

Die folgenden Aussagen sind vage Wünsche. Machen Sie daraus echte Ziele:

- Ich möchte irgendwann mal einen Urlaub in Amerika verbringen.

  _____

  _____

- Ich möchte eine Führungsposition in der Firma haben und mehr verdienen.

  _____

  _____

- Ich möchte ein besserer Ehemann werden und mehr für unsere Beziehung tun. Wir reden zu wenig.

  _____

  _____

- Falls ich irgendwann mal Geld haben sollte, will ich einen Mercedes M-Klasse fahren.

  _____

  _____

> Ziele sind messbar und machbar, schriftlich fixiert und motivierend formuliert.

Das Leben vom Ende her denken

Die folgende Übung hilft Ihnen herauszufinden, was Ihnen das Wichtigste im Leben ist und ist eine wichtige Vorübung, um langfristige Ziele zu setzen.

Nehmen Sie sich dafür mindestens 20 Minuten Zeit. Am besten, Sie führen die Übung schriftlich durch. Schreiben Sie Ihre Gedanken und Ergebnisse auf, damit sich Ihr Unterbewusstsein noch intensiver damit befasst und Sie später detailliert auf Ihre jetzigen Ideen zurückgreifen können.

Übung: Trauerrede

Stellen Sie sich vor, in fünf Jahren sind Sie Beobachter einer Beerdigung. Es sind viele Leute erschienen, die alle sehr ergriffen sind.

Sie schweben über dem Geschehen, sehen interessiert in den Sarg und dort drin – liegen Sie. Mehrere Personen halten kurze und ergreifende Nachrufe: einer Ihrer Kollegen, Ihr Chef, Ihr Ehepartner, Ihre Kinder, einer Ihrer Freunde und ein Mitglied Ihrer Gemeinde oder einer sozial aktiven Gruppe, in der Sie sich engagiert hatten. Alle Redner fassen jeweils in wenigen Sätzen das Wichtigste zusammen, was Sie ihnen bedeutet haben.

Notieren Sie: Was würden diese Leute sagen? Was wünschen Sie sich, dass diese Leute von Ihnen sagen? Wie würden die Nachrufe lauten, wenn Sie bis dahin Ihr Leben exakt so weiterlebten wie bisher?

Finden Sie Ihre Lebens- und Jahresziele

Nun geht es darum, daraus Ihr(e) Lebensziel(e) abzuleiten und aktiv zu formulieren. Mit Hilfe der Ergebnisse aus der obigen Übung sind Sie den Antworten auf die folgenden Fragen schon sehr nahe. Fragen Sie sich nun:

- Was will ich in meinem Leben erreichen?
- Welche Träume und Wünsche habe ich?
- Wer sind die wichtigsten Personen meines Lebens?

Überlegen Sie: Widmen Sie diesen Personen, Träumen und langfristigen Zielen die Aufmerksamkeit, die sie verdienen?

Notieren Sie hier Ihr Lebensziel:

_____

_____

Wichtig ist, dass Sie Ihr Lebensziel (oder Ihre Lebensziele) auch im Alltag nicht aus dem Blick verlieren. Fragen Sie sich daher immer wieder, ob Ihre momentanen Tätigkeiten dazu beitragen, es zu erreichen.

Nächster Schritt: Ziele herunterbrechen

Ihr(e) Lebensziel(e) erreichen Sie nur, wenn Sie kontinuierlich daran arbeiten. Schreiben Sie auf, was Sie dafür konkret tun werden – in den nächsten Tagen, Monaten, in diesem Jahr. Planen Sie dabei von oben nach unten.

Von den Lebenszielen zur Zeitplanung

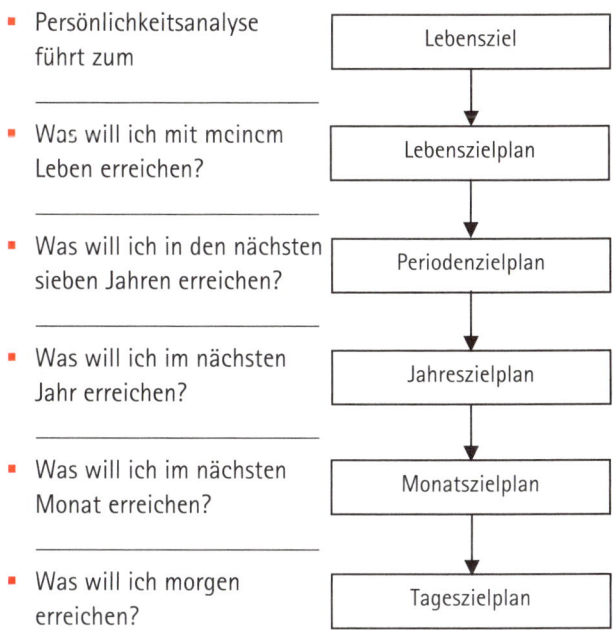

- Persönlichkeitsanalyse führt zum

  _____

- Was will ich mit meinem Leben erreichen?

  _____

- Was will ich in den nächsten sieben Jahren erreichen?

  _____

- Was will ich im nächsten Jahr erreichen?

  _____

- Was will ich im nächsten Monat erreichen?

  _____

- Was will ich morgen erreichen?

  _____

Lebensziel

Lebenszielplan

Periodenzielplan

Jahreszielplan

Monatszielplan

Tageszielplan

Quelle: www.tempus.de

Wenn wir große Aufgaben in mehrere Etappen mit Zwischen-zielen zerteilen, haben wir die „Markierungsbojen in der rauen See", die uns zeigen, wie weit wir insgesamt gekommen sind und welche überblickbare Teilstrecke wir als Nächstes in Angriff nehmen können. Dies bewahrt uns vor dem Aufgeben.

Ziele – woran Sie denken sollten

1 Sie brauchen kurzfristige Ziele, um zu wissen, was Sie heute tun. Sie brauchen langfristige Ziele, um Ihren kurz- und mittelfristigen Zielen Kontinuität sowie Bedeutung und Ihrem Leben eine Richtung zu geben.

2 Behalten Sie Ihre Ziele nicht nur im Kopf. Schreiben Sie sie auf, am besten in Ihr Zeitplanbuch. Arbeiten Sie daran, eine ausgewogene Zeiteinteilung und Balance für alle Lebensbereiche zu erreichen (mehr dazu im Abschnitt „Die Balance im Leben finden").

3 Konzentrieren Sie sich zu jeder Zeit auf Ihre Ziele. Fragen Sie sich: „Hilft mir das, was ich gerade tue, um meine Ziele zu erreichen?" Wenn nicht, wechseln Sie zu einer anderen Aktivität, die Sie wirklich weiterbringt.

4 Packen Sie jeden Tag zumindest ein wichtiges Ziel an. Hören Sie nicht auf, bevor dieses Tagesziel erreicht ist. So entwickeln Sie in kurzer Zeit die Gewohnheit, Ziele nicht nur zu setzen, sondern auch zu erreichen.

5 Suchen Sie neue Wege zu Ihrem Ziel, wenn Sie aus der Bahn geworfen wurden oder feststellen mussten, dass Sie Fehler in Ihrem Plan hatten.

Das Wesentliche erkennen

Dringendes ist selten wichtig und Wichtiges selten dringend. Deshalb: Lernen Sie, Wichtiges von Dringendem zu unterscheiden. Dabei hilft Ihnen das Pareto-Prinzip.

Die 80/20-Regel nach Pareto

Vilfredo Pareto lebte im 19. Jahrhundert und beschäftigte sich mit Fragen von Reichtum und Einkommen, von Grundstücken und deren Besitzer usw. Er stieß auf eine Tatsache, die ihm höchst bedeutsam erschien. Er entdeckte ein wiederkehrendes mathematisches Verhältnis zwischen dem Anteil von Personen (als Prozentsatz der gesamten relevanten Bevölkerung) und der Höhe des Einkommens oder Reichtums dieser Gruppe. So etwa stellte er fest, dass in verschiedenen Ländern 80 % des Vermögens bei 20 % der Bevölkerung konzentriert waren. Bei Paretos Beobachtung kommt es allerdings weniger auf die genaue Prozentverteilung an als auf die Tatsache, dass die Reichtumsverteilung in der Bevölkerung berechenbar unausgewogen war.

Dieses Phänomen tritt auch in allen anderen Bereichen des Lebens auf und wurde später in Bereiche wie Prozessoptimierung und Zeitmanagement übertragen: Ein typisches Verteilungsmuster zeigt etwa, dass 80 % der Wirkungen durch 20 % der Ursachen bedingt sind, dass 80 % der Ergebnisse auf 20 % der Anstrengungen zurückgehen usw. Diese Regel lässt sich natürlich auch auf die Verteilung unserer Zeit und die erzielten Ergebnisse ubertragen.

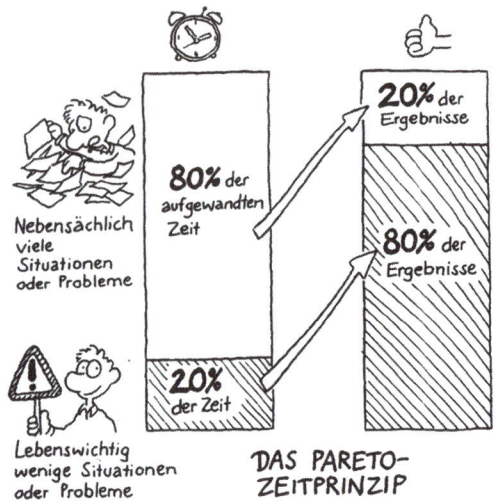

Das Pareto-Prinzip zeigt: 80 % der Ergebnisse erzielen wir oft nur mit 20 % unserer Zeit

Weitere Beispiele für das Pareto-Prinzip

20 % der Kunden bringen 80 % des Umsatzes.

20 % der Produkte bringen 80 % des Gewinns.

20 % der Teppichfläche erleiden 80 % des Verschleißes.

20 % des Produktionsablaufs generieren 80 % der Fehler.

80 % der Wertschöpfung ergibt sich aus 20 % des Einsatzes, und die verbleibenden 20 % des Wertes kommen von den restlichen 80 % des Einsatzes.

Konzentrieren Sie sich auf die wenigen entscheidenden Dinge. Um im Leben voranzukommen, braucht man nicht alles zu tun und nicht alle Aufgaben zu bewältigen. Filtern Sie die wichtigsten Sachen heraus.

Von der Effizienz zur Effektivität

Effizient sein bedeutet: „Die Dinge richtig tun." Und zwar so, dass wir in der geplanten Zeit zu einem möglichst guten Ergebnis kommen. Das erreichen wir, indem wir notwendige Tätigkeiten durch Optimierung der Arbeitsschritte so gut und schnell wie möglich ausführen.

Effektivität bedeutet: „Die richtigen Dinge tun." Wenn wir eine bestimmte Wirkung/ein Ergebnis erzielen wollen, dann sollten wir das tun, was uns auch direkt dorthin bringt. Wir arbeiten effektiv, indem wir uns zuerst um die wichtigsten Dinge kümmern, anstatt sie in der Flut der anderen Aufgaben untergehen zu lassen. Effektiv arbeiten bedeutet vor allem, sich auf die Aufgaben zu konzentrieren, die die größten Erfolge bringen.

Effizient arbeiten: Tun Sie die Dinge richtig?

Beispiel: Effektiver und effizienter arbeiten

 Wenn Sie viele E-Mails schreiben müssen, hilft es Ihnen, wenn Sie das Zehnfinger-System beherrschen, um effizienter zu arbeiten. Auch Schnell- und Querlesetechniken sowie die Signaturfunktion Ihres E-Mail-Clients sparen Zeit beim Abarbeiten der Nachrichten.

Das alles ist wichtig und gut, doch trotzdem sind Sie mit effizientem Arbeiten alleine verloren, wenn Sie nach fünf Wochen Urlaub mehrere hundert neue Nachrichten in Ihrem Posteingangskorb vorfinden. Hier hilft nur noch effektives Abarbeiten: Sie suchen die wichtigsten Nachrichten heraus und bearbeiten diese zuerst. Die restlichen Mails sortieren Sie nach Absender und bearbeiten sie anschließend oder wenn sie relevant werden. Alles, was Werbung ist, löschen Sie sofort; auch Newsletter können Sie löschen oder Sie verschieben sie in einen Ordner, um sie später zu lesen, etc. Diese Selektion fällt unter effektives Arbeiten.

Übung

- Beschreiben Sie zwei Tätigkeiten, bei denen Sie vorwiegend effektiv arbeiten müssen.

1. _____

2. _____

Effektives Arbeiten: Wer das Richtige tut, spart Zeit

Prioritäten richtig setzen

Prioritäten beinhaltet das lateinische Wort „prio" (vor). Prioritätensetzung heißt, dass Sie sich täglich neu für das entscheiden, was Sie *vor* allem anderen erledigen wollen oder müssen, um Ihre Ziele zu erreichen.

Arbeiten mit dem Eisenhower-Prinzip

Das Eisenhower-Prinzip hilft Ihnen, Ihre Arbeiten systematisch nach Priorität anzugehen. Der erste Schritt dafür ist, zu fragen: Sind die anliegenden Dinge wichtig oder dringend?

Laut Pareto sind 20 % unserer Aufgaben in aller Regel die wichtigen Dinge. 80 % sind eher nebensächliche Dinge. Dummerweise sind diese jedoch meistens dringend.

Wichtige Aktivitäten bringen Sie Ihren Zielen näher. Dringende Aktivitäten erfordern oder binden Ihre unmittelbare Aufmerksamkeit, ohne dabei großen Einfluss auf Ihre Ziele zu haben. Ihre Aktivitäten und Aufgaben mit der größten Wichtigkeit, dem größten Einfluss auf Ihre Erfolge und das Erreichen Ihrer Ziele dürfen niemals aufgeschoben werden, um unwichtigeren Dingen den Vorrang zu geben.

Doch leider haben wir alle eine Tendenz in uns, zuerst die Nebensächlichkeiten anzugehen. Die auf dem Schreibtisch liegenden Drucksachen sind viel verlockender als das seit Tagen verschobene entscheidende Projekt.

Finden Sie deshalb vor allem diejenigen Aufgaben heraus, die den größten Einfluss auf Ihre Erfolge haben. Dabei helfen Ihnen Prioritäten.

> Um bessere Ergebnisse zu erreichen, müssen Sie mehr Zeit mit den wichtigen Aufgaben verbringen.

Kleiner Test: Wichtig oder dringend?

Kreuzen Sie an (nur eine Antwort ist möglich):

1 Sie haben sich vorgenommen, an Ihren Jahreszielen zu arbeiten. Diese liegen jedoch immer noch in der Schublade.

☐ Wichtig oder ☐ dringend?

2 Soeben wurde die Zeitung angeliefert. Die Zeitung gleich zu lesen, ist das

☐ wichtig oder ☐ dringend?

3 Einmal im Jahr haben Sie sich vorgenommen zum Zahnarzt zu gehen. Das Jahr ist vorüber und sie waren noch nicht da.

☐ Wichtig oder ☐ dringend?

Lösung: Frage 1: wichtig, Frage 2: dringend, Frage 3: wichtig.

Aktivitäten nach Prioritäten einteilen

Das Eisenhower-Prinzip kombiniert nun beide Kriterien – wichtig und dringend –, sodass vier Prioritätsklassen entstehen. Für Ihre Planung müssen Sie alle anstehenden Aufgaben analysieren und einordnen. So bekommen Sie eine Rangfolge, was wann und wie abzuarbeiten ist.

Das Eisenhower-Prinzip

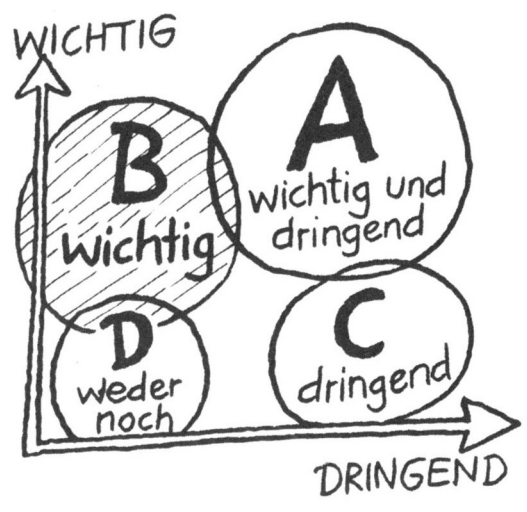

Das Eisenhower-Prinzip hilft, Prioritäten richtig zu setzen

. sieht die Eisenhower-Rangfolge aus

.-Priorität: Das sind Dinge, die noch heute erledigt werden müssen, weil sie dringend und wichtig sind (z.B. Krisen).

B-Priorität: Dinge, die wichtig sind, aber nicht unbedingt heute erledigt werden müssen. Nehmen Sie sich regelmäßig Zeit für die Bearbeitung Ihrer B-Aufgaben und setzen Sie sich dafür Termine. Denn B-Aufgaben verursachen Ihren Erfolg und bringen Sie Ihren Zielen näher.

Oft werden B-Aufgaben auf die lange Bank geschoben – weil sie eben nicht dringend sind. Doch eine frühzeitige Erledigung Ihrer B-Aufgaben lässt manches Problem gar nicht erst entstehen.

Beispiel: B-Aufgaben

Der Bericht für die Vorstandssitzung, der Ihnen die Beförderung einbringen könnte und einen Monat Zeit hat, wird zur Krise, wenn Sie erst in den letzten zwei Tagen alles hektisch zusammenschustern.

Eine B-Aufgabe für jemanden, der viele Schriftstücke verfasst, könnte sein, das Zehnfinger-System zu erlernen. Auch wenn dies 30 Stunden Zeit erfordert – durch das schnellere Tippen spart man in Zukunft viel Zeit, und zwar umso mehr, je eher man mit dem Lernen des Systems beginnt.

Ähnliches gilt für Kundenumfragen, um Produkte zu verbessern und damit den Absatz sowie die Kundenzufriedenheit zu erhöhen.

Eine B-Aufgabe im Privatbereich ist der regelmäßige Gesundheitscheckup beim Arzt, der hilft, spezifische Risiken zu erkennen und ernsteren Erkrankungen mit unter Umständen mehreren Wochen Arbeitsunfähigkeit als Folge vorzubeugen.

C-Priorität: Dinge, die anscheinend dringend sind, aber nicht wichtig. Hier gilt: Ruhig bleiben und wo möglich delegieren oder nein sagen. Damit gewinnen Sie Zeit für Ihre wichtigen B-Aufgaben, die sonst untergehen.

D–Priorität: Das sind Dinge, die weder wichtig noch dringend sind – Sie können sie getrost dem Papierkorb anvertrauen oder, wenn es um Termine oder Aufgaben geht, absagen bzw. delegieren. Entscheiden Sie sich höchstens bewusst und zeitlich begrenzt für die D-Aufgaben, die Ihnen Erholung und Entspannung an einem stressigen Tag bieten.

Beispiel: Prioritätenliste eines Produktmanagers

Priorität A: Projekt mit anstehendem Abgabetermin, Fehler in Produktionsstraße vor Marktstart des Neuprodukts und Problem Auslieferung lösen.

Priorität B: neue Produkte planen, Verkaufszahlen prüfen und analysieren, aktive Erholung, Networking, wichtige Großkundenanfrage beantworten.

Priorität C: Rechnungen prüfen sowie weiterleiten, weniger wichtige Berichte lesen, einige Post; Umlauf, Entwerfen einer Anzeige für Praktikumsplatz, Produktionsdaten in Form von Diagrammen aufbereiten, Fotos für die Projektpräsentation raussuchen und die Texte grafisch auflockern.

Priorität D: Werbepost, unaufgefordert eingesandte Angebote für nicht benötigte Produkte und Dienstleistungen, von Herrn Weber gewünschtes Treffen zum Erfahrungsaustausch, Ketten- E-Mails mit Witzvideos angucken, verschiedene Landschaftsfoto-Bildschirmschoner durchprobieren.

Prioritäten setzen – so machen Sie es richtig

1 Teilen Sie jede Ihrer Aufgaben in die Prioritätenklassen A, B, C und D ein. Durch diese Analyse trennen Sie die Spreu vom Weizen.

2 Denken Sie daran: Wichtigkeit und Dringlichkeit sind grundverschieden. Wichtiges bringt Sie Ihrem Ziel näher, ohne aktuell dringend zu sein, Dringliches erfordert hingegen Ihre unmittelbare Aufmerksamkeit.

3   Beachten Sie die Vorfahrtsregel: Wichtigkeit geht vor Dringlichkeit. Nicht alles, was eilig ist, muss auch erledigt werden. Nur so schaffen Sie es, sich nicht länger dem Diktat der Dringlichkeit zu unterwerfen. Die Gefahr besteht darin, sich in zu vielen dringlichen, aber relativ unwichtigen Aktivitäten zu verzetteln.

4   Praktisch heißt das für Ihre Zeitplanung: Versuchen Sie immer an der Nummer 1 Ihrer Aufgaben, Ihrer A-Aufgabe, zu arbeiten – nicht an der Nummer 3 oder 4, ganz egal, wie viel mehr Spaß diese Aufgaben vielleicht machen. Wenn Sie mit Ihrer A-Aufgabe am Ende des Tages nicht fertig geworden sind, machen Sie am nächsten Tag weiter. Machen Sie vorher nichts anderes.

5   Arbeiten Sie jeden Tag an einer langfristigen B-Aufgabe. Sie müssen neben Ihrem Tagesgeschäft auch an die „strategisch" wichtigen Aufgaben und Ziele denken. Nur so verursachen Sie bereits heute Ihre Erfolge von morgen! Lebensrollen, die wir im Rahmen von Balance (siehe Abschnitt „Die Balance im Leben finden") genauer erläutern werden, und das Kieselprinzip im Rahmen der Wochenplanung (siehe Abschnitt „Die Wochenplanung meistern"), helfen Ihnen dabei.

Machen Sie sich klar, dass Sie nie genug Zeit haben werden, um all das zu tun, was Sie alles tun könnten und was andere gerne von Ihnen wollen. Sorgen Sie dafür, dass Sie Ihre Zeit nutzen, um das zu tun, was Ihnen am wichtigsten ist und Sie Ihren Zielen näher bringt. Die Zeit dafür können Sie nur dadurch gewinnen, dass Sie nein zu den unwichtigeren Dingen sagen und sie unterlassen.

Test: Setzen Sie die richtigen Prioritäten?

Zum Abschluss können Sie nun noch analysieren, wie Sie Ihre Prioritäten setzen. Achten Sie darauf: Nur Ihre wirklich wichtigsten Anliegen sollen A3 und B3 Priorität erhalten!

1 Wie viel Prozent Ihrer Zeit verbringen Sie in welchem der vier Kreise (A, B, C, D, siehe Grafik Eisenhower-Prinzip)?
A: _____ %
B: _____ %
C: _____ %
D: _____ %

2 In welchem Quadranten würden Sie Ihre Tätigkeiten des nächsten Tages einordnen?
1. _____ = _____-Priorität
2. _____ = _____-Priorität
3. _____ = _____-Priorität
4. _____ = _____-Priorität

3 Schreiben Sie nun noch auf, was Sie reduzieren wollen und welchen wichtigen Tätigkeiten oder Personen Sie dafür mehr Zeit einräumen wollen. _____
Ich reduziere: _____
_____
Dafür: _____
_____
_____

Erfolgreich nein sagen

Leider gibt es viele Situationen, in denen uns andere Leute ohne triftigen Grund Zeit rauben. Vielleicht will Ihr Kollege nur mal ein Schwätzchen halten, weil er gerade Zeit hat. Oder Sie sollen für andere etwas erledigen, was eigentlich nicht Ihre Aufgabe ist. Dagegen müssen Sie ankämpfen – zumindest, wenn Ihnen das belanglose Gespräch oder die Hilfe im Moment nur wertvolle Zeit raubt.

Natürlich sollen wir Zeit haben, wenn jemand etwas Wichtiges von uns will oder uns braucht. Doch Hilfsbereitschaft findet ihre Grenze, wenn ein anderer Sie nur für seine Ziele einspannt. Oder wenn Sie vor lauter Hilfsbereitschaft nicht mehr zu Ihren eigenen Dingen kommen. Wenn Sie nur noch ja und nicht mehr nein sagen, werden Sie keine Zeit mehr finden, um die Ihnen aufgetragenen Dinge oder Ihre eigenen Ziele zu verwirklichen.

Das Wörtchen „nein" ist somit das zeitsparendste Wort, das es gibt. Seien Sie mutig! Sagen Sie bewusst nein, wenn jemand etwas von Ihnen will, das Sie im Moment blockiert. Wenn es die Sache wert ist, machen Sie einen Termin aus.

Aber üben Sie vorher Ihr Nein so zu sagen, dass es niemanden verletzt. Dies geschieht am einfachsten, indem Sie Ihrem Gegenüber signalisieren, dass Sie Interesse an seinen Zielen haben, aber ihm gleichzeitig erklären, dass Ihre jetzige Aufgabenstellung Ihr Engagement nicht (mehr) oder im Moment nicht zulässt.

*Mit einem Nein zur rechten Zeit schützen Sie sich
vor Überlastung*

Übungsaufgabe

1   Klären Sie für sich: Worin könnten die allgemeinen Gründe liegen, warum Sie nicht nein sagen können oder wollen? Was sind Ihre persönlichen Gründe oder Ihre Ängste, die Sie daran hindern nein zu sagen?

2   Umsetzung: Wie können Sie nein sagen, so dass es von Ihren Vorgesetzten, Kollegen oder Mitarbeitern akzeptiert wird? Dazu können Sie mit Freunden oder Kollegen in einem kleinen Rollenspiel einmal üben nein zu sagen. Wählen Sie dazu eine beispielhafte Situation aus Ihrem (Berufs-)Alltag, in der Sie künftig tatsächlich nein sagen wollen. Überlegen Sie sich vorher gute Gründe für Ihre Absage.

> Eine Faustregel im Zeitmanagement lautet: Nein sagen, wenn möglich, ja sagen, wenn nötig.

Die Balance im Leben finden

Um Spitzenleistungen zu erbringen brauchen Sie ein Leben in Balance. In diesem Unterkapitel geben wir Anregungen, wie man trotz zunehmenden Drucks und Turbulenzen ausgeglichen leben kann.

Übrigens, auch Prof. Dr. Lothar Seiwert, Europas führender Experte für Zeitmanagement und Lifeleadership®, sieht Balance als den wesentlichen Faktor an, auf dem effektives Zeitmanagement aufbaut.

Wo bin ich Druck ausgesetzt?

Die Frage: „Wer oder was macht mir Druck?" ist nur persönlich zu lösen. Überlegen Sie doch einmal, was Sie belastet:

- Konflikte mit Kollegen
- Konflikte mit Vorgesetzten
- Arbeitssituation (zu viel, zu wenig Belastung etc.) – finanzielle Situation
- Zeitproblem, zu viele Aufgaben
- Krankheit
- Konflikte in Beziehungen etc.

Tragen Sie in der Liste auf der nächsten Seite ein, in welchen Lebensbereichen Sie Druck oder Defizite verspüren.

Wenn Sie sich die Ergebnisse so anschauen: Können Sie mit all diesen Dingen leben? In Balance leben? Oder kommt hier ein großes Ungleichgewicht zum Vorschein?

Meine Umwelt und ich: Wo liegen Belastungen vor?	
▪ Arbeit	_____ _____ _____ _____
▪ Familie, Freunde	_____ _____ _____ _____
▪ Körper und Gesundheit	_____ _____ _____ _____
▪ Seelischer Ausgleich	_____ _____ _____ _____
▪ Finanzen	_____ _____ _____ _____

Durch die richtige Balance aller Lebensbereiche fühlen Sie sich nicht nur ausgeglichener, sondern sind in allen Bereichen leistungsfähiger. Wenn kurzfristig starke Belastungen in einem Bereich an Ihren Nerven zerren, können Sie dies durch die aus anderen Bereichen gezogene Energie wieder ausgleichen.

Die Lebensrollen in Einklang bringen

Um auch in der Hektik des Alltags genug Zeit und Kraft für alle Lebensbereiche zu haben und sich auf Ihre Schlüsselaufgaben zu konzentrieren, hilft Ihnen das Konzept der Lebensrollen. Eine Lebensrolle ist nichts anderes als ein Bereich Ihres Lebens, für den Sie Verantwortung tragen. Langfristig müssen Sie sich um jeden Bereich kümmern, und zwar regelmäßig. Größere Defizite in einem Bereich wirken sich sonst nach einiger Zeit auch auf Ihre Zufriedenheit und Leistungsfähigkeit in allen anderen Bereichen aus.

Die vier Bereiche für ein ausgewogenes Leben sind:

- Beruf,
- Kontakt (Partner, Kinder, Freunde),
- Sinn und
- Ich (Sport, Hobbys, persönliche Weiterentwicklung außerhalb des beruflichen Bereichs etc).

Füllen Sie nicht mehr als sieben Rollen aus

Finden Sie Ihre sieben wichtigsten Lebensrollen – mehr sollten es nicht sein, denn sonst können Sie nicht alle gleich gut ausfüllen. Sorgen Sie dafür, dass für Ihre Balance alle Lebensbereiche vertreten sind.

Beispiele für Lebensrollen sind:

- Vorgesetzte/r, Kollege/in, Abteilungsleiter/in, Betriebsrat, Teamleiter/in etc.
- Tochter, Sohn, Freund/in, Ehemann, Ehefrau, Mutter, Vater, Großmutter, Pate/Patin;
- Hobbygärtner, Tennispartner, Schatzmeister, Vereinsvorsitzender, Helfer beim Roten Kreuz.

Bedenken Sie: Sie sind auch noch für Ihre Finanzen und Ihre Gesundheit, für Ihre Erholung sowie Ihr seelisches Gleichgewicht verantwortlich.

Erstellen Sie Ihren „Masterplan"

Am besten, Sie halten Ihre Lebensrollen und die damit verbundenen Ziele in einem Masterplan fest.

Nehmen Sie sich für das Ausfüllen des Masterplans mindestens 15 Minuten Zeit. Den Masterplan sollten Sie mindestens einmal jährlich – zum Beispiel irgendwann rund um Ihren Geburtstag – in die Hand nehmen und überarbeiten:

1 Ziehen Sie noch einmal Ihre Ergebnisse aus der Formulierung Ihres Lebensziels heran.

2 Bestimmen Sie Ihre Lebensrollen.

3 Bestimmen Sie dann ein Ziel für jede Ihrer Lebensrollen, das mit Ihrem Lebensziel in Einklang steht.

4 Suchen Sie sich jede Woche je Lebensrolle mindestens eine B-Aufgabe, der Sie mindestens 90 Minuten widmen.

Solange wir unsere Lebensplanung nicht überdacht und fest-gelegt haben, können wir auch keine Verantwortung über-nehmen. Solange wir nur mit verschwommenen Lebenszielen operieren, werden wir dramatische Umwege machen. Wir wer-den Enttäuschungen erleben, Kraft einbüßen und sehr viel Zeit verlieren. Planen Sie deshalb Ihr Leben! Formulieren Sie aus Wünschen Ziele und beginnen Sie damit, darauf hinzuarbeiten!

Masterplan – ein Beispiel		
Lebensrollen	**(Lebens–)Ziel**	**Jahresziele**
1 Projektleiter	Coach für Projekt-leiter werden (inhouse oder selbstständig)	Projekt X erfolg-reich abschließen; Leitfaden erstellen
2 Mitglied im Qualitätszirkel	Zusatzwissen Qualitätsmanage-ment	Wochenendseminar
3 Ehemann	Gemeinsam gute Zeit und sorglosen Lebensabend verbringen	gemeinsame Reise nach Indien
4 Vater	Meine Kinder nach ihren Anlagen fördern	Luise bei Bewer-bung unterstützen, Christian musika-lisch fördern
5 Vorsitzender Schachclub	Schachjugend auf-bauen und fördern	finanzielle Unter-stützung eines Turniers

Masterplan – ein Beispiel		
Lebensrollen	**(Lebens-)Ziel**	**Jahresziele**
6 Hobbykoch	ein Kochbuch mit Rezepten aus allen Erdteilen publizieren	ayurvedische Küche im Ursprungsland erlernen
7 Kirchengemeinderat	Aufbau eines Bildungswerks	zwei Gemeindemitarbeiter coachen

Warum über den Sinn nachdenken?

Warum und wofür schuften Sie sich täglich ab? Um irgendwann einen Mercedes M-Klasse zu fahren? Oder weil es Ihnen Spaß macht, Menschen zu trainieren? Oder weil Sie gerne für andere die besten und zuverlässigsten Notebooks bauen? Oder weil Sie schon immer als Redakteur einer Tageszeitung täglich die wichtigsten Neuigkeiten recherchieren und kurz, prägnant und objektiv darstellen wollten?

Die Sinnfrage ist ein ganz wichtiger Aspekt des Zeitmanagements: Sie ist entscheidend für unsere Arbeitsmotivation und damit für unsere Leistung. Sie ist wichtig, damit wir nicht irgendwann merken, unsere bisherige Lebenszeit für etwas vertan zu haben, was uns im großen Überblick zwecklos erscheint. Die durchschnittliche Motivation durch eine Gehaltserhöhung hält in den reicheren Nationen etwa zwei Wochen an (sofern der allgemeine Lebensstandard gesichert ist). Viele Mitarbeiter von Hilfsorganisationen wie dem Roten Kreuz oder Helfer bei Flutkatastrophen, die selbst nicht betroffen sind, leisten oftmals Erstaunliches ganz ohne Bezahlung – einen Sinn hinter unserem Tun zu sehen, für den sich alle Mühen lohnen, setzt beträchtliche Energien frei.

Vor allem aber müssen wir die Antwort auf die Sinnfrage kennen, damit uns in Krisenzeiten nicht der Boden unter den Füßen weggerissen wird. Wenn der Arbeitsstress unerträglich scheint oder einschneidende Ereignisse uns aus der Bahn zu werfen drohen, brauchen wir eine Antwort auf die Sinnfrage, um wieder aufzustehen und in der Spur zu bleiben. Spätestens wenn schwere Krankheiten, Misserfolge, Beziehungskrisen oder der Tod eines geliebten Menschen unerwartet ins Leben einbrechen, stellt sich die Sinnfrage – wenn man ihr vorher ausgewichen ist oder sich die bisherige Antwort als nicht tragfähig herausgestellt hat.

Betrachten wir es noch mal von der praktischen Seite: Wenn Sie über Ihre Ziele nachdenken – für die Sie ja eine bestimmte Zeit opfern wollen –, treffen Sie zunächst eine ganz persönliche Entscheidung. Diese Entscheidung hängt von Ihren Werten ab, die für Sie „Sinn machen." Sie wollen etwa mehr für Ihre Familie da sein, weil die Liebe zu und die verbrachte Zeit mit Ihrem Partner und Ihren Kindern Ihrem Leben Sinn verleiht. Dann werden Sie Wege und Methoden finden, um sich die Wochenenden frei zu halten.

> „Denn was hilft es einem Menschen, wenn er die ganze Welt gewinnt und seine Seele verliert?" *Bibel*

Warum und wofür leben Sie?

Jostein Gaarder stellt in seinem berühmten Buch „Sofies Welt" folgende Fragen:

- Wie wird die Welt erschaffen?
- Liegt hinter dem, was geschieht, ein Wille oder Sinn?
- Gibt es ein Leben nach dem Tod?
- Wie sollten wir leben?

Was ist Ihre Meinung dazu? Schreiben Sie die Gedanken auf. Stellen Sie sich die Fragen: Ist das Leben sinnlos? Ist ein Sinn vorgegeben? Welcher? Wie definiere ich den Sinn?

Ob Sie an Gott oder eine andere höhere Macht glauben, oder ob Sie dies nach reiflicher Überlegung nicht tun – was auch immer Sie für einen Sinn im Leben sehen, finden Sie die Antwort auf diese Frage! Manche schieben diese Frage Jahre oder Jahrzehnte vor sich her. Aber irgendwann kommt der Zeitpunkt, an dem wir dringend eine Antwort brauchen. Und es wäre schade, wenn wir uns dann fragen: Warum erkenne ich das jetzt erst? Beantworten Sie diese Fragen also – nach reiflicher Überlegung – bald!

> Den Antworten nach dem Lebenssinn können Sie auf vielfältige Art näher kommen: Indem Sie sich z. B. selbst über Ihre Werte Gedanken machen und sie niederschreiben, indem Sie mit anderen darüber sprechen, die Bibel oder andere religiöse oder philosophische Bücher lesen, indem Sie in sich gehen in Gebet oder Meditation.

Wie Burn-out vorbeugen?

Die seelisch bedingte Müdigkeit

Es gibt eine Müdigkeit, gegen die kein Ausschlafen und kein Urlaub mehr hilft. Diese seelische Müdigkeit ist nicht mit negativem Stress zu verwechseln. Stress resultiert aus körperlichen Fehlreaktionen, die dann eintreten, wenn wir uns den Anforderungen einer bestimmten Situation nicht gewachsen fühlen – geistig oder auch körperlich.

Situationen, in denen Stress auftritt, sind typischerweise schwierige Prüfungen, aber auch die Überlastung mit zu vielen Aufgaben oder mit einer zu schwierigen Aufgabe bei gleichzeitig hohem Druck von außen. Es können aber auch Anforderungen sein, die unsere körperlichen Fähigkeiten überfordern, etwa eine besonders steile Passage auf einer Bergtour, für die uns jegliche Erfahrung fehlt. Ausgelöst werden kann Stress also durch Angst und/oder Überlastung.

Unter dem sogenannten Burnout-Syndrom hingegen verstehen Experten ein Ausgebranntsein auf Dauer. Burnout kann durchaus auch eine Folge von lang anhaltendem Stress sein. Es ist aber anders als Stress vor allem eine psychische Überlastung, die von einem Fehlen jeglicher Motivation und Lust begleitet ist. Wer ausgebrannt ist, dem erscheint das Leben als wertlos, der sieht in nichts mehr einen Sinn. Ausgebrannte Menschen sind meist nicht mehr arbeitsfähig; sie kommen an ihre ursprünglichen geistigen oder körperlichen Leistungen nicht mehr heran. Ihnen ist jede Kreativität verloren gegangen, ihnen macht nichts mehr Spaß.

Umso wichtiger, diesem gefährlichen Syndrom, das in unserer Arbeitswelt gar nicht so selten auftritt, vorzubeugen. Wenn Sie für sich den Sinn gefunden haben, Ihre Arbeit Ihren Werten nicht widerspricht und wenn Sie Balance in Ihrem Leben schaffen, dann haben Sie bereits wichtige Maßnahmen getroffen, mit denen Sie Burnout vorbeugen.

15 Minuten täglich für mehr Lebensqualität

Wenn Sie sich oft gehetzt fühlen, sollten Sie versuchen, täglich eine Auszeit zu nehmen:

- 15 Minuten Stille oder Meditation täglich sind eine Möglichkeit, Ballast wegzuschaufeln und den Blick wieder frei zu machen für die Außenwelt.

- Entspannungstechniken wie z.B. die progressive Muskelentspannung nach Jacobson helfen Ihnen abzuschalten, und geben wieder neue Kraft für den Rest des Tages.

Die Säge schärfen

Um auch längerfristig nicht auszubrennen, empfehlen wir Ihnen eine regelmäßige Tätigkeit, die wir „die Säge schärfen" nennen. Der Name kommt von dem blöden Witz mit dem Waldarbeiter, der seit Stunden pausenlos Bäume sägt. Ein vorbeikommender Trapper guckt eine Stunde zu und meint: „Entschuldigung, würden Sie nicht schneller vorankommen, wenn Sie einmal innehalten, etwas trinken und dann Ihre inzwischen völlig stumpfe Säge schärfen?" Da antwortet der Waldarbeiter: „Das geht nicht. Ich habe keine Zeit für solche Spielchen. Ich bin zu beschäftigt mit Sägen, ich bin bereits hinter dem Zeitplan."

Diese Anekdote spiegelt ein Phänomen wider, dem wir im Berufsleben häufig begegnen. Ein Phänomen, das wieder viel mit Effektivität und B-Aufgaben zu tun hat – Sie erinnern sich: zur rechten Zeit das Richtige tun.

Übertragen auf das Zeitmanagement kann die Anekdote aber auch bedeuten: Planen Sie regelmäßig Zeit, um Ihre „Säge zu schärfen". Achten Sie nicht nur darauf, Ihre Kräfte schonend einzusetzen, sondern tanken Sie vor allem Ihre Energien rechtzeitig auf – bevor Sie sich völlig verausgabt haben und „abstumpfen". Regelmäßige Bewegung zwischendurch und leichter Ausdauersport – am besten dreimal wöchentlich eine halbe Stunde lang – fördern nicht nur die allgemeine Gesundheit, sondern auch den Geist und unsere Leistungsfähigkeit.

Neben Ruhe und Sport (sofern Sie nicht bereits im Beruf viel körperlich arbeiten) sollten Sie sich auch ausgleichende Tätigkeiten gönnen, die Ihren geistigen Horizont erweitern: Falls Ihr Beruf nicht bereits mit viel Lernen verbunden ist, könnten Sie etwa eine neue Fremdsprache erlernen, die Sie gerne beherrschen möchten. Oder Sie erforschen die Geschichte und Geographie Australiens. Lernen Sie eine neue Fähigkeit, wie Kuchenbacken oder Klavierspielen. Oder betreiben Sie „Gehirnjogging" mit Logikknobelheften. Was auch immer – Hauptsache, es macht Ihnen Spaß und hilft Ihnen, sich zu regenerieren.

Gönnen Sie sich einen Ruhetag

„Ich arbeite normal 18 Stunden am Tag, sonntags arbeite ich nur sechs Stunden." So lautete die Beschreibung eines Unternehmers unter unseren Seminarteilnehmern zur Frage, wie er den Sonntag nutzt. Wie fängt der Sonntag bei Ihnen an? Mit der Sonntagszeitung vom Zeitungsmann? Mit der Arbeit, die die letzten Tage liegen geblieben ist?

Manche Menschen empfinden den Sonntag oder Feiertage als langweilig, öde und deprimierend. Weil sie sonst nur arbeiten und den Stress brauchen oder aus welchen Gründen auch immer. Schade, denn wir finden, der Sonntag ist die Chance, sich wirklich auszuruhen und Abstand zu nehmen. Immerhin garantiert der Staat an diesem Tag die äußere Ruhe. Für die innere Ruhe sind wir selbst zuständig. Nicht rastloser Übereifer ist angesagt, sondern ein echter Ausgleich – ob allein, mit Freunden oder mit der Familie.

Überlegen Sie: Wie können Sie sich freimachen, um Kraft zu tanken für sechs arbeitsreiche Tage, die dann wieder vor Ihnen liegen? Was entspricht Ihnen und bringt Ihnen gleichzeitig den Ausgleich, den Sie dringend brauchen, damit Sie Ihre Aufgaben auch schaffen, ohne irgendwann ausgebrannt zu sein?

So planen Sie Ihre Aufgaben und Ihre Zeit

Planen ist nicht jedermanns Sache. Und man kann es mit der Planerei auch übertreiben. Doch schon mit ein paar einfachen Planungstechniken können Sie sich viel Zeit und Ärger ersparen.

In diesem Kapitel lernen Sie, wie Sie:

- durch Planen Zeit gewinnen,
- Ihren Zeitbedarf und Ihr Zeitbudget ermitteln,
- Ihre Tages- und Wochenplanung realisieren,
- mit Checklisten arbeiten und
- Zeitplanbücher und Smartphones einsetzen.

Durch Planung Zeit gewinnen

„Wer viel plant, kommt unter die Tyrannei des Terminkalenders." – „Manchmal ist es mir zu viel, alles aufzuschreiben. Warum es nicht lieber gleich tun? Außerdem will ich mich nicht immer festlegen. Schriftliche Planung tötet jede Spontaneität."

Diese Vorwürfe werden häufig erhoben. Aber sie stimmen nicht. Wer richtig plant, gewinnt Zeit für Ungeplantes, Kreativität und andere Aufgaben. Wer plant, kann letztlich auch spontaner agieren.

Viele von uns planen allerdings nicht, weil sie zu tätigkeitsorientiert sind. Am Ende geraten sie immer wieder unter Druck und bewegen sich im Bereich vieler A-Aufgaben, die sie durch rechtzeitiges Erledigen der B-Aufgaben hätten vermeiden können. Vielleicht brauchen manche Menschen den Adrenalinkick, den das „Feuerlöschen" einer Krise mit sich bringt. Oder es erscheint ihnen wesentlich spannender und macht mehr Spaß als vorheriges Planen und rechtzeitige Erledigung. Doch Sie sollten sich darüber im Klaren sein: Beim Feuerlöschen reagieren Sie bloß und können nichts mehr steuern. Zudem kosten solche Aktionen in der Regel nicht nur viel Energie, sondern auch mehr Geld als ein geregeltes und geplantes Routine-Vorgehen.

> Planung ist der beste Weg, um aus dem Verhaltensmuster des bloßen Reagierens herauszukommen und die Dinge rechtzeitig zu erledigen, damit es erst gar nicht zur Krise kommt.

Wer genügend Zeit in die Planung steckt, braucht weniger Zeit zur Durchführung und gewinnt insgesamt mehr Zeit

Je komplexer und je umfassender übrigens eine Aufgabe oder ein Projekt ist, umso mehr Zeit sollten Sie für die Planung investieren. Denn je besser die Planung ist, desto mehr Zeit sparen Sie hinterher bei der Durchführung. Auch sinkt durch gute Planung die Fehlerrate oft beträchtlich.

Warum schriftlich planen?

Durch schriftliches Planen wird Ihr Kopf frei für das, was aktuell ansteht:

- Sie vergessen nichts mehr.
- Sie schließen einen Vertrag mit sich selbst und tun die Dinge dann auch eher.

- Planung macht Sie berechenbarer für Partner, mit denen Sie im Team zusammenarbeiten.

- Nur eine schriftliche Planung ermöglicht Ihnen Rückblick und Kontrolle. Und das ist die Grundlage für die Optimierung der eigenen Arbeitsweise.

Gewöhnen Sie sich an, mit Hilfe schriftlicher Planung Prioritäten abzuwägen. Berücksichtigen Sie dabei aber Stärken und Schwächen Ihrer Persönlichkeit.

Passen Sie die Methoden an

Dem einen fällt das überlegte Planen leichter als dem anderen. Wichtig ist: Vergewaltigen Sie sich nicht durch eine Methode, die Ihnen nicht liegt. Probieren Sie die von uns vorgeschlagenen, bewährten Methoden aus. Passen Sie sie dann an Ihre individuellen Bedürfnisse an, nachdem Sie sie beherrschen und einige Erfahrungen damit gemacht haben. Dies gilt sowohl für die Technik als auch die Hilfsmittel.

Beispiel:

Vielleicht können Sie mit einer großen Pinnwand und bunten Zetteln oder einem Mind-Mapping-Programm für Ihren PC besser planen als auf einem normalen Blatt Papier. Vielleicht hilft es Ihnen, bereits morgens auch die kleinste Aufgabe genau zu planen. Oder kommen Sie weiter, wenn Sie morgens nur Ihre fünf wichtigsten sowie die strategischen Aufgaben planen? Sind Sie morgens schon voll leistungsfähig für die Tagesplanung und erhalten Sie dadurch gleich einen Motivationsschub für die Aufgaben? Oder bevorzugen Sie eine abendliche Rückschau, an die Sie wohl überlegt die Planung des Folgetages anschließen?

Grundregeln des Planens

Auf folgende Grundregeln sollten Sie bei jeder Planungstätig-
keit achten:

- Keine Planung ohne Termin.
- Oberstes Planungsprinzip ist die Schriftlichkeit.
- Notieren Sie alle Aktivitäten, Aufgaben und Termine sofort
  in Ihrem Zeitplanbuch oder auf Listen. Nur so behalten Sie
  in jeder Situation den Überblick und können sich auf das
  Wesentliche konzentrieren.

Näheres dazu erfahren Sie in den folgenden Kapiteln.

> Sie sollten Ihre geistigen Kapazitäten nicht mit Aufgaben belegen, die
> auch ein Zeitplanbuch oder ein elektronischer Planer übernehmen kön-
> nen. Planen Sie schriftlich und halten Sie so Ihren Kopf für die wichtigen
> Dinge frei!

Zeitbedarf und Zeitbudget ermitteln

Wie viel Zeit verplanen?

Verplanen Sie nur einen bestimmten Teil Ihrer Arbeitszeit,
erfahrungsgemäß ca. 60 %. Die anderen 40 % sollten Sie für
Unerwartetes, vor allem Störungen und Zeitfresser, freihalten,
damit nicht der Rest Ihrer Planung aus dem Lot gerät. Außerdem kommen Sie so auch nicht in Schwierigkeiten, wenn eine
Aktivität mal etwas länger dauert als geplant. (Beispiel einer
To-do-Liste im nächsten Abschnitt).

Die 60:40-Regel

Arbeitszeit	
verplant für Aufgaben:	unverplant für Unerwartetes:
60 %	**40 %**

Bei einem Zehnstundentag bedeutet 60:40, dass Sie am Morgen etwa sechs Stunden des Tages realistisch verplant haben. Die weiteren vier Stunden halten Sie für unerwartete Ereignisse und Verzögerungen frei, um flexibel reagieren zu können. Wenn keine unerwarteten Dinge passieren, arbeiten Sie einfach die nächste Aufgabe Ihrer To-do-Liste ab, die nun erste Priorität hat.

Vorbereitende Fragen zu Ihrer Planung

1   Wie viel Zeit der 60 % können Sie noch selbst verplanen? Wie viel ist bereits durch feste Termine und Anordnungen des Chefs vorgegeben? Schätzen Sie Ihre Prozentverteilung!

2   Identifizieren Sie wichtige Zeitfresser: Welche Art von Menschen, Aufgaben oder Situationen „wollen" oft unerwartet etwas von Ihnen? Gibt es eine Gesetzmäßigkeit dahinter? Welche?

3   Führungskräfte können in der Regel ihre Zeit freier und selbstständiger verplanen als z. B. Hotline-Mitarbeiter; dafür haben sie auch mehr unerwartete Ereignisse. Legen Sie gegebenenfalls einen eigenen Schlüssel für sich fest,

der zu Ihrem Arbeitsumfeld und Aufgabenbereich passt. Sie müssen nicht sofort die „goldene Verteilung" benennen können. Experimentieren Sie jeweils zwei bis drei Wochen mit einem Wert, der Ihnen nach kurzer Überlegung sinnvoll erscheint. Sobald Sie das Gefühl haben, dass dieser Wert in der Praxis für Sie passt, bleiben Sie dabei.

Gleichartige Arbeiten bündeln

Anstatt Arbeiten so zu erledigen, wie sie gerade anfallen, macht es Sinn, gleichartige Arbeiten in der Planung zu bündeln. Besonders hilfreich ist die Blockbildung in den folgenden Bereichen:

- Telefonate
- Briefe oder E-Mails schreiben
- Fachzeitschriften durcharbeiten
- Spesenabrechnungen durchführen
- Strategisches Arbeiten, Ziele planen usw.

Überlegen Sie: Welche Art Blockbildung können Sie praktizieren? Wann und mit welchen Einschränkungen?

Planen Sie störfreie Zeiten

Eine „stille Stunde", eine Art „Sperrzeit für den Personenverkehr" bringt Ihnen einen enormen Produktivitätsgewinn. Auch, wenn Sie zu den Menschen gehören, die gerne immer ansprechbar sind, sollten Sie sich wenigstens eine Stunde am

Tag gönnen, in der Sie ungestört arbeiten können. In dieser Zeit können Sie zum Beispiel konzentriert an einer wichtigen B-Aufgabe arbeiten, ohne dauernd den Faden zu verlieren.

Tragen Sie sich also eine „stille Stunde" genauso wie eine Besprechung oder einen Kundenbesuch – wie einen Termin mit sich selbst – in Ihren Tagesplan ein, und zwar am besten täglich.

Wenn Sie flexible Arbeitszeiten haben, könnten Sie dafür eine Stunde eher kommen, bevor die meisten Kollegen zu arbeiten beginnen, oder eine Stunde später gehen. Ebenso könnten Sie Ihre Mittagspause etwas verlegen. So werden bereits weit weniger Telefonanrufe oder Kollegen Sie unterbrechen. Am besten aber, Sie stellen das Telefon für diese Zeit auf den Anrufbeantworter um oder vereinbaren mit einem Kollegen, dass er die Gespräche in dieser Zeit für Sie annimmt. Umgekehrt können Sie zu einer anderen Zeit das Gleiche für ihn tun.

Überlegen Sie dann, wie Sie Ihrem Umfeld kommunizieren, dass Sie in der betreffenden Zeit nicht gestört werden wollen, z. B durch ein Schild „Bitte nicht stören", eine geschlossene Tür usw. Wenn Sie jemand sprechen möchte, bieten Sie einen Alternativtermin an. In vielen Arbeitsumfeldern funktioniert es sogar recht gut, bestimmte Sprechzeiten einzurichten, beispielsweise von 13.00 bis 16.00 Uhr. Nach einer kurzen Eingewöhnungsphase, in der Sie hart, aber freundlich auf diese Zeiten hinweisen müssen (solange kein Notfall vorliegt), werden Sie überrascht sein, wie gut das klappt.

> Reservieren Sie wann immer möglich täglich eine stille Stunde, in der Sie ungestört arbeiten können.

Wie vorgehen bei der Tagesplanung?

Berücksichtigen Sie Ihre Leistungskurve

Jeder Mensch unterliegt in seiner Leistungsfähigkeit während des ganzen Tages bestimmten charakteristischen Schwankungen. Man spricht gemeinhin von „Morgenmenschen" oder „Abendmenschen". Keiner dieser beiden Grundtypen arbeitet besser oder schlechter als der andere – beide arbeiten nur unterschiedlich.

Wie die Leistung am Tag schwankt

Grundsätzlich gilt: Die absolute Leistungshöhe und -tiefe ist individuell verschieden, allen Menschen gemeinsam sind jedoch die relativen, rhythmischen Schwankungen.

Nach dem Mittagessen schließt sich jedoch bei allen das allgemein bekannte Mittagstief an. Wer versucht, dieses Tief durch starken Kaffeegenuss zu bekämpfen, muss wissen, dass er es dadurch nur verlängert. Ein Nickerchen nach dem Mittagessen (optimal 15 Minuten), ein Spaziergang oder eine halbe Stunde progressive Muskelentspannung verändern die Leistungskurve dramatisch und zahlen sich durch die gewonnene Energie am Nachmittag auch zeitlich aus.

Wer es sich leisten kann, sollte übrigens eine ähnliche Ruhepause nach dem Abendessen machen. Schon im Mittelalter haben sich die Mönche durch solche kurze Nickerchen fit gehalten für ihre nächtelange Arbeit an den Handschriften.

Welcher Leistungstyp sind Sie?

Seine persönliche Leistungskurve zu kennen, hilft die Arbeit besser einzuteilen und effizienter zu arbeiten.

Vielleicht gehören Sie zu den Frühaufstehern – die immer weniger werden, da das Fernsehen unsere Gewohnheiten verändert. Wenn Sie morgens gut aus dem Bett kommen und sofort wach und konzentriert an Ihre Arbeit gehen können, Ihre Leistungshochs also etwa der Kurve in der folgenden Grafik entsprechen, dann sollten Sie den frühen Morgen und den Vormittag möglichst nutzen, um Ihre schwierigsten und wichtigsten Aufgaben, die Ihre ganze Konzentration und Leistungsfähigkeit verlangen, anzugehen.

Wenn Sie hingegen abends fit sind (siehe „Leistungskurve des Abendmenschen"), dann nutzen Sie diese Zeit, um konzentriert einige Stunden ohne Unterbrechung zu arbeiten.

Die Leistungskurve des Morgenmenschen

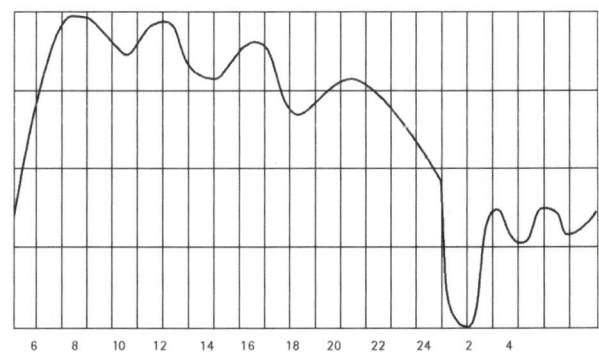

Der Morgenmensch erreicht sein Tageshoch früh am Morgen

Die Leistungskurve des Abendmenschen

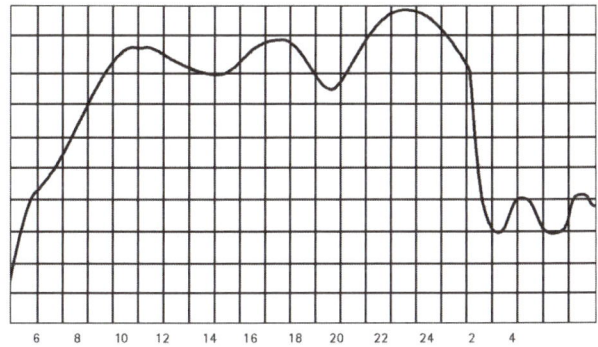

Der Abendmensch ist zwischen 20 und 23 Uhr am produktivsten

Achten Sie auch auf die Tagesstörkurve

Telefonanrufe, unangemeldete Besucher, überraschende Besprechungen, Kollegen, die Rücksprache halten wollen – zu bestimmten Zeiten häufen sich diese Störungen, wie die folgende für den normalen Büroalltag typische Kurve veranschaulicht. Auch diese Kurve sollten Sie bei Ihrer Tagesplanung berücksichtigen.

Tagesstörkurve

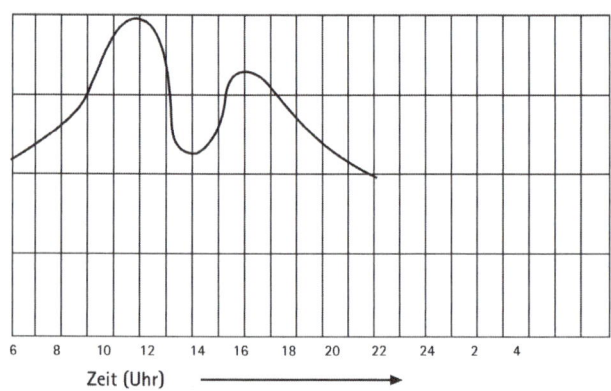

Zu bestimmten Zeiten nehmen Unterbrechungen zu

Aufgaben planen nach Stör- und Leistungskurve

Richten Sie Ihre Planungen nach Ihrer persönlichen Leistungs- und Ihrer Störkurve aus. Wenn Sie z.B. einen wichtigen Vertragstext ausarbeiten müssen, sollten Sie dies zu einem Zeitpunkt tun, an dem sich Ihre Störkurve im unteren sowie die Leistungskurve im oberen Bereich befindet.

Dazu zeichnen Sie sich am besten Ihre Leistungskurve und die Störkurve eines mehr oder weniger typischen Tages auf. Finden Sie Nischen, die Ihnen die Nutzung Ihrer starken Tagesform zu einer Zeit mit wenigen Unterbrechungen für wichtige Aufgaben ermöglichen. Wann ist Ihre optimale Stunde?

So erstellen Sie einen Tagesplan

Nun geht es daran, Ihren Tag konkret zu planen. Erstellen Sie täglich abends Ihren Tagesplan für den nächsten Tag und zu Beginn der Woche oder bereits am Ende Ihrer Woche den Wochenplan.

> Der Tag ist die kleinste und überschaubare Einheit Ihrer persönlichen Zeitplanung. Wer sein Tagesgeschäft nicht im Griff hat, wird auch langfristige Ziele kaum erreichen.

Wir haben Tausende Menschen befragt, wie lange es dauert, einen Arbeitstag gut zu planen. Die übereinstimmende Antwort lautet: acht bis zehn Minuten. Nehmen Sie sich diese Zeit, um Ihren Tag zu planen.

Ein weiterer Rat zu Beginn: Fangen Sie früh an. Das heißt einerseits, den Tag zu früher Stunde zu beginnen, um einen guten, produktiven Start zu erwischen. Dies gilt insbesondere für Morgenmenschen (siehe Hinweise zur Leistungskurve). Und andererseits – und für alle Typen – heißt das: Fangen Sie sofort mit der wichtigen Arbeit an – und nicht mit Kaffeetrinken, Small Talk oder Zeitunglesen.

Arbeiten mit der To-do-Liste

Für den Tagesplan empfehlen wir die Arbeit mit einer To-do-Liste (auch Aktivitätenliste oder Aufgabenliste):

1   Planen Sie am besten am Vorabend den neuen Tag. Schreiben Sie in einer To-do-Liste oder im To-do-Teil Ihres Kalendariums alle Aktivitäten auf, die am nächsten Tag zu erledigen sind.

2   Überprüfen Sie Ihre To-do-Liste, indem Sie Prioritäten vergeben. Was aus der Liste muss heute erledigt werden?

3   Machen Sie sich eine zusätzliche Liste von kleinen Aufgaben, die nur einige Minuten benötigen. Wenn Sie zwischendurch kurze Leerläufe haben, erledigen Sie eine dieser Aufgaben.

4   Alle Aufgaben, die abends noch offen oder im Laufe des Tages hinzugekommen sind, tragen Sie in eine separate To-do-Liste ein.

To-do-Liste für den Tag

To do	Priorität	erledigt?
Herrn Neumann wg. PC anrufen	B	✓
Verpackungsdesign prüfen	C	
Monatsreporting für Vorstand	A	
Entwurf Produktbeschreibung	B	
Versch. Teesorten für Meeting	C	
Werbeprospekte überfliegen	D	
...		

Die Wochenplanung meistern

Um Balance zu erzielen, regelmäßig Zeit in jede Lebensrolle zu investieren sowie die B-Aufgaben besser in den Alltag zu integrieren, sollten Sie eine Grobplanung auf Wochenebene durchführen. Mit Hilfe des Kieselprinzips (nach Stephen R. Covey u. a.: „Der Weg zum Wesentlichen. Zeitmanagement der vierten Generation", Frankfurt 1997) legen Sie auf Wochenebene quasi ein Fundament, auf das Sie dann später die Tagesplanung aufbauen.

> Eine Planung auf Wochenebene bietet genug Freiraum zur Verteilung und mehr Platz für Pufferzeiten sowie Flexibilität, um kurzfristige unerwartete Ereignisse und A-Krisen aufzufangen, ohne komplett durcheinander zu geraten. Gleichzeitig ist eine Woche noch gut überschaubar.

Planen nach dem Kieselprinzip

Stellen Sie sich das Kieselprinzip als folgendes Bild vor: Sie nehmen einen großen Glaskrug und füllen ihn zu etwa 40 % mit Wasser. Dann schütten Sie eine große Portion Sand hinzu und kippen anschließend Kieselsteine darauf. Nun ist der Krug bereits recht voll. Doch Sie müssen noch weitere große Steine unterbringen. Aber schon beim zweiten droht der Krug überzulaufen.

Dieses Bild symbolisiert einen hektischen, ungeplanten Tag, an dem sich alles nach dringlichem Kleinkram – Wasser, Sand und Kieselsteinchen – richtet und für große Aufgaben kaum mehr Platz ist. Eine große Aufgabe mit der Priorität A bekommen Sie vielleicht noch unter, weil sie nun mal besonders wichtig und dringend ist. Vielleicht muss auch noch eine zweite A-Aufgabe unterkommen, weil es Sie sonst den Kopf kostet (wichtiges Vorstandsmeeting, Projektabschluss mit Großkunden). Also zwängen Sie beide in Ihre Tagesplanung hinein. Doch schon mit den anderen Aufgaben kommen Sie ins Schleudern. Und die großen B-Aufgaben, die Sie weit nach vorne bringen und künftige A-Krisen vermeiden würden, lassen Sie ganz liegen.

Beginnen Sie mit wichtigen Aufgaben

Wenn Sie besonders viel zu tun haben, sollten Sie nicht einfach drauflosarbeiten. Überlegen Sie sich, was die größten und schwierigsten Brocken sind, die anliegen, z.B. ein Vertragsentwurf, Ihre Einkommensteuererklärung oder wichtige Entscheidungen wie ein Autokauf. Diese „Brocken" müssen Sie über den Tag hinaus planen.

Eine gute Planung auf Wochenebene sieht also so aus:

1   Im ersten Schritt bringen Sie die großen Steine im Krug unter. Das heißt: Sie verplanen Ihre wichtigsten Prioritäten (A und B). Ihre Wochenplanung sollte aber nur so voll gemacht werden, dass noch Platz bleibt für die weniger wichtigen Dinge – und für Pufferzeiten (denken Sie an die 60:40-Regel).

2   Danach füllen Sie um die großen Brocken herum „den Kleinkram" ein (Kiesel, Sand und Wasser). Hierbei handelt es sich um die C3 und D-Aufgaben. Viele von ihnen finden auch in kleineren Lücken Platz: ein Telefonat, eine E-Mail, das Überfliegen eines minder wichtigen Angebots usw.

3 Auch so passt vielleicht noch nicht alles in Ihre Woche – aber was draußen bleibt, sind die unwichtigeren Dinge im Vergleich zu den wichtigsten, für die Sie sich nun die nötige Zeit genommen haben.

> Wesentlich ist: Wenn Sie die großen Brocken zuerst einplanen, können Sie mehr davon erfolgreich unterbringen.

Beispiel: Wochenplanung mit erfolgreicher Umsetzung

Herr Neumann lässt die Woche am Samstag mit einer halben Stunde Planung der Folgewoche ausklingen. Er hält kurz Rückschau und fertigt eine neue To-do-Liste mit allen unerledigten sowie neuen Aufgaben an, wobei er die unwichtigeren unerledigten streicht, anstatt sie zu übertragen. Danach schaut er auf seine Liste mit seinen Lebensrollen und jeweiligen Zielen. Er sucht sich jetzt für jede Lebensrolle eine B-Aufgabe heraus, für die er an einem Tag der Woche 90 Minuten einplant. Am Ende der Woche wird er so allen sieben Lebensrollen einmal Zeit gewidmet haben. Wenn in der Woche bisher wenig feste Termine (Besprechungen, Reisen) anliegen, fügt er an einigen Tagen eine weitere B-Aufgabe ein. Anschließend erstellt er einen Tagesplan für Montag: Ausgehend von seinem Zehnstundentag verplant er insgesamt sechs Stunden für weitere Aufgaben, wobei er die Zeit entsprechend ihrer Priorität reserviert.

Am Montag geht er nach seinem so erstellten Tagesplan vor. Ein Kollege wendet sich mit einem kleinen Problem an ihn, für das er der Spezialist ist und das er in einer halben Stunde gelöst hat. Er hat Glück – ansonsten passiert nichts Unvorhergesehenes und er hatte sich nur um eine Stunde bei der Planung verschätzt. Die restlichen zweieinhalb Stunden der unverplanten Zeit kann er also frei einteilen. Herr Neumann arbeitet jetzt noch für einneinhalb Stunden weitere Punkte seiner To-do-Liste ab, plant am Ende den Dienstag um das vorhandene Gerüst (B-Aufgaben vom Kieselprinzip sowie Termine mit anderen) herum und beschließt, die letzte Stunde zum Gleitzeitabbau zu nutzen.

Für die Planung auf Wochenebene hat sich das Kieselprinzip am besten bewährt. Sie können es jedoch auch in der Tages- oder individuellen Projektplanung anwenden.

> Eine nach diesem Kieselprinzip ausgerichtete Wochenplanung, die zuerst Zeit für das wirklich Wichtige reserviert, um das sich dann alles andere herum einfügen muss, stellt den Schlüssel für eine ausgewogene Zeit- und Lebensbalance dar.

Arbeiten mit Checklisten

Für regelmäßige Termine und Aufgaben empfiehlt es sich, Checklisten (wöchentlich, monatlich und jährlich) anzulegen. Auf ihnen vermerken Sie alles, woran Sie routinemäßig denken müssen.

Checklisten beantworten grundsätzliche Fragen wie:

- Was gehört dazu?
- Was kommt zuerst?
- Sind die Voraussetzungen erfüllt?
- Habe ich an alles gedacht?
- Ist alles erledigt?

Wer konsequent mit diesen Instrumenten arbeitet, kann bestätigen, dass Checklisten in bestimmten Arbeitsbereichen enorme Zeiteinsparungen ermöglichen. Solche Checklisten lassen sich übrigens nicht nur in der beruflichen, sondern auch in der privaten Planung hervorragend einsetzen.

Vorteile einer Checkliste

- Das Arbeiten mit Checklisten spart Zeit.

- Checklisten reduzieren das Fehlerrisiko, denn Sie müssen bei wiederkehrenden Vorgängen oder gleichen Situationen nicht immer wieder neu mit Ihren Überlegungen ansetzen.

- Mit einer Checkliste bewegen Sie sich ständig auf dem Pfad der Verbesserung. Wenn Sie eine Checkliste durcharbeiten, entdecken Sie weitere Möglichkeiten, wie Sie einen Arbeitsprozess anreichern und optimieren können.

- Schließlich ersparen Ihnen bewährte Checklisten so manche zeitaufwendigen Erklärungen. Wenn Sie Mitarbeitern oder Kollegen eine Checkliste geben, können diese sich mit bestimmten Aufgaben oder Erledigungen schnell vertraut machen.

Wie Sie eine Checkliste anlegen

Eine Checkliste wird in der Regel so erstellt, dass man alle Aktivitäten, die für die erfolgreiche Durchführung zu berücksichtigen sind, in eine sinnvolle Reihenfolge bringt. Das Ganze sollte möglichst konkret und einfach gehalten werden. Alles, was erledigt ist, wird schließlich abgehakt.

Die einzelnen Punkte können Maßnahmen sein, die Sie bei bestimmten Aufgaben ergreifen müssen, aber auch Voraussetzungen, die erfüllt sein müssen, damit Sie zum Beispiel eine gute Entscheidung treffen können.

Beispiel: Checkliste für Meetings

Meeting am ... von ... bis ...	Termin	✓
■ Einladungen per Mail verschicken	...	
■ Besprechungszimmer reservieren		
■ Technik anfordern		
■ Teilnehmerliste erstellen und verteilen		
■ Mittagsbuffet bestellen		
■ Restaurant für abends reservieren		
■ Alle Unterlagen einfordern		
■ Unterlagen sammeln, ordnen, kopieren		
■ Werbemuster neues Produkt verteilen		

Wo und wann Checklisten einsetzen?

Im Prinzip können Sie Checklisten überall dort einsetzen, wo gleichartige Tätigkeiten und Entscheidungen zu treffen sind, ständig die gleichen Regeln zu beachten sind oder ähnliche Prozesse ablaufen. Hier einige berufliche Beispiele:

- Sie bereiten einen Vertrag vor.

- Sie erstellen ein Arbeitszeugnis.

- Sie führen ein Bewerbungsgespräch.

- Sie planen ein neues Projekt.

- Sie führen eine Marktbeobachtung durch.

- Sie führen eine Kontrolle durch (z. B. Projektkosten).

- Woran muss die Urlaubsvertretung denken?
- Ein neuer Mitarbeiter kommt: Was ist zu erledigen?

Auch im privaten Bereich sind Checklisten praktisch:

- Sie müssen Ihre Steuerunterlagen vorbereiten.
- Sie fahren in den Urlaub.
- In der Familie werden Hausarbeiten verteilt.

Tipps für das Arbeiten mit Checklisten

- Achten Sie auf Klarheit und Übersichtlichkeit. Nur Checklisten, mit denen Sie auch arbeiten, sind gute Checklisten.
- Checklisten dürfen Sie nicht als zu starres Korsett begreifen. Starten Sie einen Probelauf und korrigieren sowie erweitern Sie eventuell Ihre Checkliste.
- Fragen Sie Kollegen, mit welchen Checklisten sie bereits arbeiten. Manches können Sie an die individuellen Erfordernisse des eigenen Aufgabengebiets anpassen.
- In manchen Zeitplansystemen finden sich hilfreiche Checklisten, etwa zur Reiseplanung. Dort können Sie auch selbst angelegte Checklisten einheften.

Zeitplanbücher und Smartphones

Da wir nicht alles im Kopf behalten können, müssen wir Notizen schreiben, zur Not auf lose Zettel. Doch die Zettelwirtschaft kann schnell in Desorganisation münden. Wesentlich besser sind daher Zeitplanbücher und Smartphones.

Verschiedene Systeme im Überblick

Mit To-do-Listen Aufgaben planen

Eines der einfachsten Mittel, Ihre Aufgaben effektiv zu bewältigen, ist die To-do-Liste. Alles dazu Nötige ist in jedem Haushalt und Büro vorhanden – Sie können sofort anfangen. Auf einer Seite schreiben Sie einfach auf, was heute unbedingt erledigt werden muss. Auf der anderen Seite können Sie alles aufschreiben, was im Verlauf der Woche erledigt werden muss bzw. bestimmte Bereiche abtragen. Fügen Sie je eine Spalte für Priorität und Fälligkeitsdatum hinzu.

Die Nachteile der einfachen To-do-Liste: Termine, langfristigere Planungen mit Zeithorizonten, Adressen oder thematische Notizen haben dort keinen Platz (das alles täglich auf ein und dasselbe Blatt zu notieren führt zum Chaos).

> Wenn Sie noch kein Zeitplansystem benutzen, dann beginnen Sie gleich jetzt mit To-do-Listen zu arbeiten.

Kalender

Unerlässlich für die Planung vieler Termine ist der einfache und kostengünstige Kalender. Egal ob Wandkalender, Tischkalender, Wochenquerkalender oder Taschenkalender: Hauptsache, man hat ein Kalendarium mit etwas Platz für tägliche Eintragungen. Obwohl in Deutschland jährlich so viele Kalender verkauft und als Werbegeschenke kostenlos weitergegeben werden, dass statistisch gesehen jeder drei Kalender haben müsste, führen 50 % aller Deutschen keinen Kalender – nicht einmal die kleine Kunststoffkarte mit dem Jahresüberblick im Portemonnaie.

Oftmals bieten simple Kalender nur Platz für ein bis drei Termine pro Tag. Zudem sind sie nur für Termine gedacht und bieten keinen Platz für Aufgaben.

> Wenn Sie mit einem einfachen Kalender arbeiten, legen Sie zur Ergänzung Ihre aktuelle To-do-Liste vorne hinein.

Einfache Planer

Planer im unteren Preisbereich (um zehn Euro) bieten viel Platz für Notizen und selbst angefertigte Formulare oder Checklisten auf Blankopapier. Die Kalenderteile sowie To-Do-Listen ermöglichen eine Tages- und Wochenplanung mit Prioritäten, und Platz für Notizzettel ist auch noch. Oft ist bei Billigangeboten die Wiederbeschaffung des passend gelochten Kalendariums/Notizpapiers schwierig.

> Zeit sparen beginnt dort, wo man nicht nur die „typischen" ein bis drei Termine (Zahnarzt, Meeting usw.) pro Tag festhält, sondern den Tag wie in den vorherigen Kapiteln erläutert durchplant – und dabei den wichtigsten Aufgaben feste Zeitblöcke zuordnet.

Besser planen mit professionellen Zeitplanbüchern

Professionelle Zeitplansysteme sind im Handel oder per Direktbestellung ab 50 Euro erhältlich. In den Folgejahren sind die Kosten niedriger, da der Ringbuchinhalt separat gekauft werden kann. Sie bieten neben einem Kalendarium für unterschiedliche Ansprüche auch Planungshilfen, Jahres- und Monatsübersichten, Checklisten, Notizblätter sowie z.B. Informationen über Schulferien, internationale Feiertage usw. Man hat zudem die Gewähr, dass man das ganze Jahr über nicht nur Kalendarien, sondern auch ausgefeilte Formulare und spezielles Zubehör erwerben kann.

> Wenn Sie den PC für Ihre langfristige Planung nutzen und das Ganze für die Tagesplanung ausdrucken möchten, gibt es bereits fertig gelochte Blätter, die vom Drucker eingezogen werden können, um z.B. Ihre Daten aus Outlook in das Format des Zeitplanbuches zu drucken.

Die Nachteile professioneller Zeitplanbücher: teuer, vor allem bei der Erstanschaffung; die Handhabung ist anfangs recht aufwendig; mit Verlust des Planers geht unter Umständen eine große Menge an Terminen und weiteren Daten verloren – machen Sie sich daher die Mühe, einmal pro Halbjahr wenigstens die Monatsübersichten zur Sicherheit zu kopieren.

> Mit einem Zeitplansystem haben Sie eine optimale Verwaltung Ihrer Termine und Aufgaben. Und Sie können wichtige Daten wie z.B. Telefon- und Gesprächsnotizen strukturiert festhalten. Mit dieser professionellen Verwaltung gewinnen Sie mehr Sicherheit und vergessen weniger.

Mobiltelefone

Seit einigen Jahren verfügen nahezu alle modernen Business-Handys über immer umfangreichere Organizer-Funktionen. Sie speichern inzwischen Tausende Adressen (inkl. der Post-anschrift und mehreren Telefonnummern, die Sie mit einem Tastendruck direkt anrufen können), Termine und Aufgaben. Per USB-Kabel oder Bluetooth und mitgelieferter Synchroni-sationssoftware gleichen die kleinen Helfer blitzschnell alle Daten mit Outlook auf dem PC ab.

Warum also beim nächsten Handywechsel nicht gleich zu einem entsprechend ausgerüsteten Modell als Ersatz für den

Zeitplaner greifen? Allerdings steht die mangelnde Übersicht auf den kleinen Displays der Nutzung als sinnvolles Planungstool ebenso im Weg wie die umständliche Texteingabe. Hinzu kommen technische Beschränkungen: z. B. fehlt je nach Gerät ggf. ein Feld für die zweite Mobilfunknummer, vom Firmennamen werden nur die ersten 30 Zeichen übernommen oder der Betreff eines Termins, in dem Sie Thema, Einwahlnummer und Zugangscode einer Telefonkonferenz notiert haben, wird mittendrin abgeschnitten – was Sie beim Test mit kürzeren Firmennamen und Terminbeschreibungen nicht bemerken. Bevor Sie aktualisierte Daten vom Telefon über Ihre Outlookdaten zurückschreiben, sollten Sie sich daher vergewissern, dass hier nichts verloren geht.

> Wenn Sie fast überall Ihr Notebook mit Outlook dabei haben, eignen sich Handys als optimale Ergänzung, falls das Notebook doch einmal ausgeschaltet ist: Geben Sie Daten stets nur in Outlook ein und überschreiben Sie damit beim Synchronisieren stets das Mobiltelefon, um die oben beschriebenen Probleme zu vermeiden. Wenn Sie unterwegs etwas notieren möchten, nutzen Sie die in den meisten Handys integrierte Diktiergerätefunktionen und tippen Sie die aufgesprochenen Notizen bzw. Termine/ Aufgaben bei der nächsten Gelegenheit sofort in Ihr Outlook ein.

Blackberry, iPhone und Windows Mobile

Professionelle Smartphones wie z. B. Blackberry, iPhone und die MDA-/VPA-Geräteserien von T-Mobile und Vodafone eignen sich mit der richtigen Software bereits als Zeitplanbuchersatz. Sie sind etwas größer als ein „normales" Mobiltelefon (die Bildschirmfläche ist meist deutlich größer und damit weit übersichtlicher als bei anderen Business-Handys) und diesem vom Funktionsumfang und Komfort bei der Dateneingabe her weit überlegen: Sie haben z. B. eine Mini-Tastatur oder auf dem Bildschirm eingeblendete Tastatur mit einer Taste für jeden Buchstaben zur Verfügung. Aufgrund der in den letzten Jahren auf den Markt gekommenen Gerätevielfalt und des technischen Fortschritts verschwimmen die Grenzen zwischen den Geräten zusehends.

Außer Terminen, Adressen, Aufgaben und Notizen verwalten die kleinen Helfer je nach Modell und optionalen Erweiterungen Ihre E-Mails, Dokumente (z. B. Word-Dateien und Excel-Tabellen, deren Daten Sie auf Blackberrys direkt editieren, neu berechnen und später auf den PC kopieren können) sowie ganze Bücher in elektronischer Form und dienen im Auto als sprechendes Sateliten-Navigationssystem, das aktuelle Stauinfos einkalkuliert. Mehr zu den Vor- und Nachteilen der elektronischen Organizer erfahren Sie im folgenden Kapitel. Vor allem ist es im Vergleich zum Papier bei Smartphones wesentlich komplizierter, die schnelle Bedienung und übersichtliches Planen zu erlernen.

Push-E-Mail

Praktisch für unterwegs ist die Möglichkeit, neue E-Mails (sowie Änderungen in Ihrem Kalender oder neue Telefonummern Ihrer Ansprechpartner) sofort auf das Mobilgerät zu erhalten. Sie müssen deshalb noch lange nicht ständig Ihre Arbeit unterbrechen – schalten Sie den Alarm für neue E-Mails aus. So sammelt der mobile Helfer neue Mails, die Sie später während Wartezeiten oder in Ruhe lesen können, ohne erst auf den Datenabruf zu warten. Während Sie in Frankfurt Ihre

Präsentation halten, trägt Ihre Sekretärin im Büro in München einen neu mit einer Kundin vereinbarten Termin in Düsseldorf in Ihren Kalender ein. Eine Kollegin streicht währenddessen die für Freitag vorgesehene Besprechung. Wenn Sie nun direkt nach Ihrer Präsentation auf Ihrem (stummgeschalteten aber empfangsbereiten) Smartphone den Kalender aufschlagen, um mit den Anwesenden einen Folgetermin zu vereinbaren, sind diese Änderungen bereits eingetragen – und der nun von Ihnen vereinbarte Folgetermin zwei Sekunden später auch für Ihre Sekretärin und Kollegin sichtbar.

> Wenn Sie sich für ein Smartphone entscheiden, wählen Sie am besten einen Blackberry, ein iPhone oder ein Gerät mit Windows Mobile. Alle drei bieten die oben beschriebenen Push-Funktionen und für diese Betriebssysteme existiert ein großes Angebot an Zusatzsoftware z. B. zur effektiven, übersichtlichen Zeitplanung (Blackberry und Windows Mobile sind dem iPhone im Bereich Business-Funktionen/-Anwendungen noch ein kleines Stück voraus).

Mehr Tipps zum Zeitmanagement mit Blackberry und iPhone finden Sie unter www.zeit-im-griff.de/tg/bb bzw. www.zeit-im-griff.de/tg/iphone.

Microsoft Outlook

Anders als der kostenlose kleine Bruder namens *Outlook Express* kümmert sich die große Version von *Outlook* auch um Aufgaben, Termine und Notizen. Die Funktionen zur Bearbeitung von E-Mails und Kontakten (Adressdaten) sind ebenfalls weitaus umfangreicher. Alle diese Elemente können Sie ineinander umwandeln – z. B. eine E-Mail mit der Maus als Termin in den Kalender verschieben – und untereinander verknüpfen – z.B. mit einem Klick auf den E-Mail-Absender die Telefonnummer aus dem zugehörigen Kontakt anzeigen (bei mit dem PC verbundenem Telefon sofort wählen sowie bei eingehenden Anrufen mit übermittelter Nummer gleich alle mit dieser Person für die nächsten Monate eingetragenen Termine anzeigen).

Obwohl Sie jeden Termin nur einmal eintragen, können Sie – anders als im Zeitplanbuch – nicht nur das sehen, was an einem bestimmten Tag ansteht. Über entsprechende Ansichten wissen Sie auch sofort, wann Sie in den nächsten Monaten z.B. in Düsseldorf sein werden oder welche Besprechungen und Kundenbesuche zu einem bestimmten Projekt gehören. Sie können mit Kollegen Aufgaben austauschen, sich gemeinsam gepflegte Adressbestände teilen und untereinander auf Ihre freigegebenen Kalender zugreifen. Damit finden Sie schneller passende Besprechungstermine bzw. sehen, wann ein Kollege außer Haus oder im Büro anwesend ist.

Outlook ist ein sehr leistungsfähiges Planungsinstrument, das für Einsteiger recht kompliziert ist. Bis Sie mit Outlook übersichtlich und zeitsparend planen können, müssen Sie erst einmal viel Zeit investieren, um die effektive Bedienung zu erlernen, damit das ganze nicht in Frust und Chaos endet. Für manch einfachen Arbeitsplatz mit nur wenigen zu verwaltenden Informationen rentiert sich der Aufwand nicht. Praxiserprobte Strategien und Tipps für effektives Zeitmanagement mit Outlook finden Sie im kostenfreien Online-Kurs „Meine Zeit im Griff mit Outlook" von Holger Wöltje: www.zeit-im-griff.de/tg/outlook (inklusive 90 min. Video; Grundkenntnisse in Outlook werden vorausgesetzt).

Beim Einsatz von Outlook sind vor allem zwei Dinge zu beachten: Erstens brauchen Sie ein Zweitsystem für die Zeit, in der Sie keinen Zugriff auf Ihren PC haben (z. B. Handy oder PDA). Zweitens ist es wichtig, dass Sie sich umfassend mit den Outlook-Funktionen vertraut machen, damit Sie Zeit sparen statt zu verlieren. Sich dies im Selbststudium beizubringen erfordert viel Disziplin – ein Seminar oder Coaching beim Profi ist meist die schnellere und im Endeffekt oft sogar günstigere Variante.

Die Auswahl an Zeitplansystemen ist enorm

Papier oder Elektronik?

Bloß weil Personal Digital Assistents (PDAs) und Smartphones moderner und elektronisch sind, sind sie noch lange nicht für jede Person und jeden Bereich besser geeignet als bewährte Papierplaner.

Welche Vorteile elektronische Organizer bieten

Die Kapazität aktueller Smartphones (tausende Adressen und Termine, komplette Bücher) ist im Vergleich mit Papierplanern nahezu unbegrenzt. Sie können die meisten Informationen mit den Daten auf Ihrem PC abgleichen, z. B. Adressen, Aufgaben, Notizen, E-Mails sowie Word- und Excel-Dokumente. Wenn Sie Termine im Büro in Outlook eintragen, können Sie sie einfach auf den PDA überspielen, unterwegs dort bearbeiten und später die aktualisierten Daten automatisch auf den PC übernehmen.

Außerdem hat ein Handheld/Smartphone folgende Vorteile:

- Sie können jederzeit eingetragene Daten löschen, ändern, komplett überschreiben etc. Auf dem Papier werden Korrekturen viel schneller unübersichtlich.

- Einfache, tägliche Datensicherung (Kopien).

- Variables Sortieren möglich: Sie können Ihre Aufgabenliste mit einem Klick nach Priorität oder zugewiesenen Kategorien (z. B. Projekte, Lebensrollen) sortieren oder zwischendurch auch einmal nach Fälligkeitsdatum.

- Sie können eine Volltextsuche ausführen (z. B. Termine diese Woche, Termine mit Herrn Meier, Termine für das Projekt A).

Schwächen der elektronischen Organizer

- Geladener Akku oder Steckdose nötig.

- Ein Verlust sämtlicher Daten oder Totalausfall aufgrund von Software-/Hardwarefehlern kann ständig auftreten und ist im Durchschnitt einmal alle zwei Jahre wahrscheinlich.

- Die Dateneingabe erfordert hohe Aufmerksamkeit. Während Gesprächen Notizen zu machen, ist umständlich.

- Starre/vorgegebene Struktur der Programme.

Wichtigste Vorteile von Papier-Organizern

- Vertrautes Medium, quasi keine Lernkurve.

- Bilder, Skizzen sowie Illustrationen sind einfach und an jeder Stelle problemlos einfügbar.

- Bessere Übersicht: Sie können Texte beliebig anordnen, viel einfacher grafisch gliedern und sich später mit einem kurzen Blick auf das Blatt schneller zurechtfinden.

- Sie können Kalenderseiten nach eigenen Vorstellungen anpassen (z. B. Feld für Anrufe unten im Tagesplan einfügen).

Gravierendste Schwächen der Papier-Organizer

- (Mehrfache) Änderung der Daten schwierig.

- Datensicherung sehr aufwendig, Datenverlust ist oft endgültig. Die Daten sind unverschlüsselt/für jeden lesbar.

- Aufwendigere Führung bei Terminserien oder vielen Terminen für Monate im Voraus.

- Ein Abgleich mit Daten aus einem elektronischen Bürosystem ist sehr aufwendig.

Finden Sie Ihr System

Die Hilfsmittel sollen Ihnen dienen, nicht Sie zum Sklaven machen. Nutzen Sie ein Hauptsystem das Ihrer Arbeitsweise entspricht und, soweit sinnvoll, ein zweites zur Ergänzung wo es für Sie passt. Ein Zeitplanbuch für das Anfertigen von Mindmaps sowie „gehirngerechten" Telefonmitschriften mit frei angeordnetem Text und kleinen Skizzen, in das Sie auch noch Prospekte oder Infozettel aus Papier einheften können, kann z. B. die ideale Ergänzung für den PDA-Freak sein.

Wenn Sie hingegen in langjähriger Kleinarbeit Ihr Papiersystem optimal angepasst haben, damit prima zurechtkommen und keine elektronischen Daten mit Kollegen teilen, ist ein ausschließlich für Adressen genutzter PDA bzw. ein Business-Handy mit PC-Synchronisation die optimale Ergänzung.

Experimentieren Sie, probieren Sie die Systeme aus, bevor Sie sich entscheiden. Vielleicht können Sie einen alten PDA für ein paar Tage von einem Kollegen ausleihen oder bekommen die übrigen Blätter seines ausgedienten Zeitplanbuchs.

Wenn Sie sich ausführlicher mit den Vor- und Nachteilen sowie Kombinationsmöglichkeiten von Papier und Elektronik befassen möchten und Tipps zu effektivem, übersichtlichem Zeitmanagement auf Handhelds suchen, empfehlen wir Ihnen zur Vertiefung das Buch „Zeitmanagement – perfekt organisieren mit Zeitplaner und Handheld" (Knoblauch/Wöltje; www.papier-und-elektronik.de).

So gestalten Sie Ihren Tag

Die Papier- und E-Mail-Flut steigt unerbittlich, Telefonate und Besprechungen füllen den Büroalltag. Verzweifeln Sie nicht, es gibt erfolgreiche Rezepte, wie Sie trotzdem zu Ihrer Arbeit kommen.

Lesen Sie in diesem Kapitel,

- wie Sie Störungen reduzieren,
- wie Sie Besprechungen effektiver führen,
- wie Sie richtig delegieren,
- wie ein aufgeräumter Schreibtisch beim Zeitsparen hilft und
- wie die tägliche E-Mail-Flut zu bewältigen ist.

Kampf den Zeitfressern

Hier bieten wir Ihnen einige effektive Tipps an, um Zeitver-schwender und Störungen zu erkennen, zu reduzieren oder gar zu beseitigen.

Identifizieren Sie Ihre Zeitfresser!

Finden Sie in der folgenden Checkliste Ihre Zeitdiebe wieder?

Wo liegen Ihre Zeitfresser?	

- Sie haben keine Ziele und Prioritäten
- Sie führen keine Tages-/Wochen-/Monatspläne.
- Sie versuchen, zu viel auf einmal zu tun.
- Lange Wartezeiten (Verabredungen)
- Sie stoßen auf mangelnde Motivation oder indifferentes Verhalten.
- Sie können nur schwer nein sagen.
- Sie können Ihre Aufgaben nicht zu Ende führen.
- Sie sind kein guter Zuhörer, einiges geht an Ihnen vorbei.
- Sie wollen immer alle Fakten wissen.
- Sie neigen zum Perfektionismus.
- Sie sind zu viel mit Papierkram und Lesen beschäftigt.
- Sie haben ein schlechtes Ablagesystem.
- Sie können oder wollen zu wenig delegieren.

- Sie werden nicht ausreichend informiert.

- Sie sitzen zu viel in unnötigen, langwierigen, schlecht vorbereiteten Besprechungen.

- Sie werden durch Schwätzchen und Getratsche über Kollegen aufgehalten.

- Das Zeitbudget für Ihre Aufgaben wird oft falsch eingeschätzt (von anderen, von Ihnen).

- Sie haben den Wunsch, immer alle zu beteiligen.

- Sie verlieren Zeit mit Techniken, die Sie nicht verstehen. Sie sind zu wenig auf die notwendige Technik/EDV geschult.

- Sie haben noch nie an einer Zeitmanagement-Schulung teilgenommen.

Sie sollten Ihre wichtigsten Zeitfresser erkennen und gezielt bekämpfen. Definieren Sie geeignete Maßnahmen, um sie zu besiegen. Gehen Sie einen Zeitdieb nach dem anderen mit Hilfe konkreter Ziele an.

Wie Sie Störungen und Unterbrechungen reduzieren

Störungen zu identifizieren und zu analysieren ist besonders wichtig, damit Sie zu Ihren eigentlichen Aufgaben kommen und Ihre Ziele verfolgen können. Folgende Lösungsideen bieten sich an, wenn Sie zu oft durch andere gestört werden.

Tipps für Führungskräfte

- Legen Sie in regelmäßigen Besprechungen Prioritäten fest, damit Sie nicht die meiste Zeit, sondern jeweils nur kurz und am Ende über unwichtigere Dinge diskutieren.

- Legen Sie Zeiten fest, zu denen Sie regelmäßig ansprechbar sind.

- Lernen Sie Management by Exception (Ausnahmen). Das bedeutet, dass Ihre Mitarbeiter relativ selbstständig agieren und Sie nur tätig werden (mit Rat, Hilfe oder Anweisungen), wenn etwas nicht klappt oder nicht nach Plan läuft. Ansonsten sollten Sie vom Tagesgeschäft entlastet werden.

- Tragen Sie sich Termine für Ihre strategischen Aufgaben in Ihren Tagesplan ein (z. B. „stille Stunden").

Tipps für Mitarbeiter

Unterbrechungen sind oft nicht zu vermeiden, aber Sie sind ihnen auch nicht hilflos ausgeliefert. Halten Sie Unterbrechungen vor allem möglichst kurz, sonst benötigen Sie zu lange, um sich wieder auf die ursprüngliche Tätigkeit zurückzubesinnen.

Und so vermeiden Sie (lange) Unterbrechungen:

- Seien Sie ehrlich. Wenn Sie beschäftigt sind, sagen Sie es dem Störer oder der Störerin. Sie können ganz freundlich abwinken und um Verständnis bitten: „Es tut mir leid, aber jetzt geht es ganz schlecht. Der Bericht hier soll heute Abend fertig werden. Sie wissen ja, wie das ist ..."

- Schlagen Sie einen Alternativtermin für Gespräche vor, die im unpassenden Moment kommen.

- Wenn Kunden Sie stören, können Sie das selbstverständlich nicht ignorieren. Stellen Sie aber immer klar, ob Sie der richtige Ansprechpartner sind.

- Ein kleiner Trick, Störungen kurz zu halten: Stehen Sie bei unerwarteten Besuchern auf und gehen Sie ihnen entgegen. Stellen Sie keinen Stuhl in die Nähe Ihres Schreibtischs.

- Wenn Sie auf Vielredner stoßen oder gar welche am Nachbarschreibtisch sitzen haben, ist es oft schwierig, Gespräche zu vermeiden oder abzukürzen. Vereinbaren Sie ein Signal mit anderen Kollegen, damit diese Sie in prekären Situationen „retten" können.

- Reduzieren Sie den persönlichen Kontakt mit Vielrednern. Augenkontakt lädt zu Small Talk ein.

- Halten Sie Ihre Tür geschlossen. Im Großraumbüro sollten Sie eine Pflanze zwischen sich und die anderen platzieren, damit Sie einen etwas abgeschirmten Bereich haben.

- Stellen Sie Ihre Möbel so, dass Sie nicht mit dem Gesicht zur Tür oder einem Durchgang sitzen.

- Vereinbaren Sie mit Ihren Kollegen ein Zeichen dafür, dass Sie jetzt nicht gestört werden möchten (auf dem Kopf stehender Stoffbär o. Ä. – nach den ersten dummen Witzen darüber funktioniert es meist sehr gut).

- Planen Sie Ihre stillen Stunden.

- Nutzen Sie für wichtige Arbeiten, die Ihre volle Konzentration verlangen, öfter leer stehende Zimmer. Verziehen Sie sich zum Beispiel ins Konferenzzimmer, in die Bibliothek oder in Zimmer von Kollegen, die im Urlaub sind.

- Wenn Sie etwas zu besprechen haben: Bringen Sie den Small Talk schnell hinter sich. Kommen Sie gleich zum Thema, und bleiben Sie konsequent dabei.

- Kehren Sie nach einer Unterbrechung sofort zu Ihrer begonnenen Aufgabe zurück.

Wie Sie die „Aufschieberitis" überwinden

Es kommt immer wieder vor, dass man Aufgaben tage- oder wochenlang vor sich herschiebt. Irgendwann werden diese Aufgaben brennend und man muss mit Power und unter Druck alles fertig machen – die Ergebnisse stehen dann oft weit hinter dem zurück, was man bei rechtzeitiger Erledigung hätte erreichen können, vom Stress ganz zu schweigen.

Die „Aufschieberitis" lässt sich im Wesentlichen auf drei Hauptursachen zurückführen:

- Wir verschieben unangenehme Dinge und befassen uns lieber mit unwichtigen Kleinigkeiten.
- Wir verschieben schwierige Dinge.
- Wir verschieben Dinge, die harte Entscheidungen von uns verlangen.

Dabei sind es gerade die unangenehmen, schwierigen Aktivitäten und harten Entscheidungen, die am meisten zu unserem Erfolg beitragen.

Übung

- Analysieren und entscheiden Sie: Welche Aufgaben überfordern Sie? Welche Gegenmaßnahmen können Sie ergreifen und wann? _____

_____

_____

_____

_____

- Nach welcher Grundregel werden Sie ab sofort handeln, um Ihre „Aufschieberitis" einzudämmen? _____

_____

_____

_____

_____

So bekämpfen Sie die „Aufschieberitis"

Schieben Sie unangenehme Dinge nicht auf. Auch Schwieriges wird durch Aufschieben nicht leichter. Sie belasten Ihre psychische Gesundheit nur noch mehr durch die Verdrängung, die dabei stattfindet.

- Klären Sie, warum Sie eine Sache nicht mögen.
- Beschließen Sie, Selbstdisziplin vor das Lustprinzip zu stellen. Versuchen Sie sich zu motivieren: Wenn Sie sich z. B. endlich einmal hinsetzen und eine Stunde lang die langweiligen, aufgeschobenen Reisekostenabrechnungen für die letzten Monate erledigen, haben Sie ein paar Tage später 1000 Euro mehr auf dem Konto – wo sonst bekommt man einen so hohen „Stundenlohn"?
- Denken Sie daran: Sie werden die nervigen, aber nötigen Aufgaben nur dann los, wenn Sie sie erledigen.
- Planen Sie bewusst die nächsten Schritte mit dem Ziel der Erledigung. Wenn Sie schon eine Stunde völlig entnervt im Stau langsam voranrollen, lässt ein Schild „Baustelle 2 km" Sie wieder aufleben – Sie sehen die Ursache des Staus und dass er nach Erreichen der Baustelle bald vorbei sein wird. So wie das Schild wirken auch Ziele und Teilschritte für unangenehme oder schwierige Aufgaben motivierend.
- Belohnen Sie sich, wenn Sie eine unangenehme Aufgabe bewältigt haben.

Fragen Sie sich auch:

- Benutzen Sie gerne bestimmte Aufgaben als vorgeschobene Entschuldigung, eine andere wichtige zu verzögern oder zu umgehen?
- Haben Sie vielleicht eine falsche Einstellung gegenüber dem Delegieren?
- Treiben Sie Ihre Perfektion vielleicht auf die Spitze?
- Wissen Sie vielleicht nicht, wie Sie die neue, unangenehme oder schwierige Aufgabe anpacken sollen?
- Ist vielleicht eine Lieblingsaufgabe ein Ausweg zur schnellen Befriedigung?

Definieren Sie Ihre Strategien gegen die Aufschieberitis. Wenn Sie hier einen besonders großen Handlungsbedarf sehen, sollten Sie überlegen, ob Sie nicht vielleicht einen externen Coach um Unterstützung bitten.

Meetings und Telefonate effektiver führen

Wir verbringen einen Großteil unserer Zeit mit Telefonaten und Besprechungen, die wir mit einigen Grundregeln und Planung nicht nur schneller, sondern auch mit besseren Ergebnissen beenden können.

Tipps fürs Telefonieren

Zunächst einmal ist es wichtig, dass Sie die Funktionen Ihres Telefons gut kennen: Rufumleitung, Stummschaltung, Kurzwahl, Wahlwiederholung, Anruferliste, Fernabfrage oder Benachrichtigung des Anrufbeantworters usw. sind nützliche Funktionen, die sich schnell bezahlt machen.

Wenn Sie viel telefonieren, lohnt sich für Sie vielleicht auch Sonderzubehör. Sie können z.B. spezielle Adressmanager auf dem PC nicht nur zum direkten Wählen per Mausklick nutzen. Bei eingehenden Anrufen mit Rufnummernübermittlung öffnen die Adressmanager auch automatisch den Adresseintrag des Anrufers sowie die damit verknüpften Notizen.

Ein Headset erspart Ihnen den Besuch beim Physiotherapeuten nach umfangreichen Mitschriften. Über Freisprecheinrichtung, Zweithörer etc. können weitere Kollegen am Gespräch teilnehmen.

Zeitsparend telefonieren

- Fassen Sie Telefonate zu Blöcken zusammen und erledigen Sie sie nacheinander. Legen Sie hierfür einen Telefonplan in Ihrem Zeitplansystem an.

- Notieren Sie vorher kurz und stichwortartig Ihre Ziele und Fragen für die Gespräche. Denken Sie vor Verhandlungen auch über Gegenargumente sowie Alternativvorschläge für die Argumente des Partners nach. Halten Sie eventuell benötigte Unterlagen vor dem Gespräch bereit.

- Bevor Sie anfangen, sagen Sie kurz, worum es geht. Wenn Sie einem falschen Ansprechpartner minutenlang Ihr technisches Problem schildern, kostet das Sie beide Zeit.

- Fragen Sie vor längeren Gesprächen, ob der andere jetzt Zeit für die entsprechenden Punkte hat.

- Kluge Notizen während des Gesprächs ersparen Ihnen peinliche Nachfragen oder längeres Grübeln („Wann war jetzt noch mal der Termin?").

- Schreiben Sie Ergebnisse und Folgeaktivitäten des Gesprächs auf.

- Fassen Sie sich kurz und beenden Sie (geschäftliche) Telefonate zügig. Trotzdem können Sie dabei freundlich bleiben. Fassen Sie das Gespräch am Ende kurz zusammen – das hilft auch Ihnen, das Wichtigste zu speichern.

- Wenn der Anrufbeantworter drangeht: Fassen Sie sich kurz. Wiederholen Sie Ihre Rückrufnummer. Wenn Sie nichts aufsprechen wollen, legen Sie *vor* dem Piepston auf.

- Bei Anrufen: Blocken Sie Small Talk ab, wenn Sie es eilig haben. Mit der Frage „Was kann ich für Sie tun?" kommen Sie am schnellsten zum Kern der Sache. Wenn das Telefonat zu lange dauert oder Sie sehr beschäftigt sind, können Sie das Gespräch auch unterbrechen und einen Rückruf anbieten.

Ruhe vor dem Telefon

Richten Sie stille Stunden ein. Ihr Kollege kann Ihr Telefon annehmen, danach übernehmen Sie entsprechend seines. Stellen Sie beim Abschirmen über den Anrufbeantworter die Mithörfunktion aus – sonst können Sie auch selbst rangehen. Lassen Sie andere nicht lügen oder Geschichten erfinden. „Er ist gerade nicht erreichbar. Kann ich etwas ausrichten, für Sie tun oder können Sie nach 16.00 Uhr zurückrufen?" reicht.

Was Meetings effektiv macht

Besprechungen – die moderne Alternative zur Arbeit

„Sind Sie einsam? Gehen Sie zu einer Besprechung! Sie können dort:

- nette Leute treffen,
- sich wichtig fühlen,
- Charts erstellen,
- Ihre Kollegen beeindrucken,
- Kaffee, Getränke und Knabbereien genießen

... und all dies während der Arbeitszeit."

In diesem ironischen Aushang in einem Büro steckt sicher mehr als ein Körnchen Wahrheit. Was kostet es wohl, wenn Sie und fünf Ihrer Kollegen eine viertel Stunde auf zwei weitere Teilnehmer warten müssen oder eine Stunde unnütz in einem schlecht vorbereiteten oder gar unnötigen Meeting vergeuden? Sie können dies ja einmal auf ein Jahr hochrechnen: Bei zweiwöchentlichen Besprechungen ergeben sich in der Tat immense Kosten – die genauso zu vermeiden wären wie die verschwendete Zeit.

Mit ein paar einfachen sowie lapidar erscheinenden Grundregeln, die aber leider häufig nicht beachtet werden, können Sie Ihre Besprechungen effektiver gestalten.

Checkliste: Tipps für effektive Besprechungen

- Erstellen Sie eine klare, schriftliche Tagesordnung.

- Legen Sie Ziele fest. Beschreiben Sie dabei auch, welche Art Ergebnisse erreicht werden soll.

- Sorgen Sie dafür, dass alle Unterlagen rechtzeitig vorher und nicht erst zu Beginn des Meetings ausgegeben werden.

- Die Teilnehmer müssen sich vorbereiten.

- Legen Sie vorher eindeutig einen qualifizierten Leiter für die Besprechung fest

- Halten Sie Anfang und Ende unbedingt ein!

- Flipcharts visualisieren Fragen und Zwischenergebnisse.

- Kurze Pausen und frische Luft machen wieder aufmerksam und munter.

- Protokolle sind kurz und knapp zu halten. Aufgaben werden am besten in einer To-do-Liste festgehalten. (Wer? Was? Wann?)

Besprechungen können ein Vergnügen sein, wenn sie auch effektiv sind.

Worauf achten vor der Besprechung?

„Die besten Besprechungen sind die, die nicht stattfinden." Nun, das ist nicht immer richtig – dennoch sollten Sie Alternativen prüfen: Können z. B. zwei Besprechungen zusammengelegt werden (gerade, wenn Teilnehmer anreisen müssen)? Ist eine Telefonkonferenz oder eine Entscheidung eines höheren Verantwortlichen bzw. eines kleinen, hierfür benannten Teams die bessere Alternative?

Ersparen Sie es Kollegen oder Mitarbeitern, ihre Zeit unnötig in Besprechungen zu verbringen. Halten Sie die Teilnehmerzahl generell klein. Fragen Sie:

- Wer ist von Entscheidungen der Besprechung wirklich direkt betroffen? Reicht ein Stellvertreter für alle?

- Wer verfügt über das nötige Fachwissen und wird wirklich gebraucht?

- Wer trägt die (rechtliche, finanzielle, administrative) Verantwortung für die Entscheidungen? Und wer führt die Entscheidungen aus? Reicht es, wenn diese Personen informiert werden (etwa durch das Protokoll)?

- Ist ein Moderator unbedingt nötig? Wer der ohnehin Anwesenden könnte die Moderation übernehmen?

- Überlegen Sie, ob einige Teilnehmer eventuell nur bei den ersten Punkten der Tagesordnung anwesend sein müssen. Stellen Sie die Tagesordnung gegebenenfalls entsprechend um.

> Für den Erfolg einer Besprechung wirklich wichtige Personen sind der Leiter bzw. Moderator und der Protokollant. Der Leiter ist gleichzeitig als „Zeitwächter" für die Einhaltung des Zeitplans und die Begrenzung zu langer Einzelbeiträge verantwortlich.

Spielregeln für die Besprechung festlegen

Vereinbaren Sie allgemeingültige Regeln für die Kommunikation und Zusammenarbeit, die an alle weitergegeben werden.

Hierzu zählen z.B. Redezeitbegrenzungen, das Verhalten in festgefahrenen Situationen, Feedbackregeln und Regeln zur Entscheidungsfindung.

Vereinbaren Sie mit allen in Ihrer Abteilung für interne Meetings harte Strafen für Verspätungen. Wer zu spät kommt, muss später den Raum aufräumen, für alle das Mittagessen bezahlen oder er darf an der momentanen Sitzung nicht mehr teilnehmen. Das klingt sehr hart, ist aber der einzige Weg, ständige Verzögerungen durch die zu spät Kommenden zu vermeiden. Wichtig ist, dass die Sanktionen nicht zur heimlichen Belohnung für die anderen werden („Wer ist heute der edle Eisspender?"), und dass alle vorher zugestimmt haben. Spätestens nachdem Sie dreimal „durchgegriffen" haben, funktioniert diese Methode.

Wie Zeit sparen während der Besprechung?

Achten Sie während der Besprechung auf die zeitkritischen Punkte: ablenkende Unterhaltungen, Abschweifungen, festgefahrene Meinungsverschiedenheiten, pure Machtkämpfe, der tote Punkt, falsche Informationen vorab oder übereilte Beschlüsse sind nicht mehr zielführend. Manchmal sind dann eine kurze Pause oder eine Vertagung bestimmter Punkte besser als das Problem sofort lösen zu wollen.

Fassen Sie am Ende die Ergebnisse zusammen. Halten Sie schriftlich fest, was wann von wem durchzuführen ist. Vereinbaren Sie benötigte Folgebesprechungen.

Schreiben Sie Protokolle sofort auf dem Notebook mit, dann können Sie sie im Anschluss an die Besprechung direkt an alle

Betroffenen mailen bzw. ausdrucken und verteilen. Optimal ist es, wenn Sie das Protokoll bereits während der Erstellung zur Kontrolle mit einem Videoprojektor zeigen – Missverständnisse lassen sich so sofort beseitigen.

Lernen Sie zu delegieren

Viele Leute machen noch immer Aufgaben selber, die Kollegen oder Mitarbeiter wesentlich schneller und besser erledigen könnten. Als Rechtfertigung werden immer wieder dieselben Gründe vorgebracht, zum Beispiel:

- Delegieren ist riskant.
- Es macht mehr Spaß, alles selbst zu machen.
- Ich kann es besser. Ich bin schließlich der Experte.
- Es geht schneller, wenn ich es selber mache.
- Ich mache diese Arbeit gern.

Nie vorgebracht werden hingegen die wirklichen Motive: Etwa, dass man unsicher ist und sich keine Blöße geben möchte („Vielleicht macht Kollegin Müller das ja viel besser als ich?"). Oder dass man die Kontrolle über seine Aufgaben nicht verlieren möchte. Oder dass man schlichtweg eingebildet ist und sich für unabkömmlich hält. Oder dass man Angst hat, Macht zu verlieren.

Dabei erspart Ihnen Delegieren nicht nur Arbeit, sondern hat noch weitere Vorteile, die oft übersehen werden:

- Sie können Ihre Stärken woanders effektiver einsetzen.

- Andere Menschen können von den Aufgaben profitieren, die Sie delegieren – Verantwortung zu tragen motiviert.

- Sie können die gewonnene Zeit für andere Projekte nutzen, für Aus- und Fortbildung, für Ihre Planung, für kreative Aufgaben, für die Pflege von Beziehungen etc.

Delegieren kann man lernen. Auch wenn man keine Führungsposition innehat. Und wenn Sie sich zwischen zahlreichen Aufgaben zu zerreißen drohen, *müssen* Sie es sogar lernen, wenn Sie weiterkommen wollen und nicht irgendwann einmal zu den Burn-out-Opfern zählen wollen.

> Delegation ist ein ausgezeichnetes Mittel der Personalentwicklung. Sie gewinnen damit neue Kompetenzen und Kreativität für die Zukunft des Unternehmens.

So delegieren Sie erfolgreich

Besonders im Bereich Ihrer C- und D-Aufgaben sollten Sie öfter einmal delegieren, wenn Ihnen dies in der Unternehmenshierarchie möglich ist.

Grundsätzlich gilt: Wenn Sie Aufgaben delegieren, muss der Mitarbeiter oder betroffene Kollege

- verstanden haben, was Sie getan haben wollen,

- davon überzeugt sein, dass diese Aufgabe auch im eigenen Interesse liegt,

- davon überzeugt sein, dass diese Aufgabe für den Erfolg des Betriebs wichtig ist,

- in der Lage sein, die Aufgabe aufgrund seiner Fähigkeiten auszuführen.

Denken Sie daran: Alles, was Sie nicht kommunizieren, kann auch nicht erledigt werden. Greifen Sie auf bewährte Checklisten zurück (siehe Abschnitt „Arbeiten mit Checklisten"), das gibt den beauftragten Mitarbeitern oder Kollegen zusätzliche Sicherheit. Worauf Sie beim Delegieren außerdem achten sollten, finden Sie in den folgenden zehn Regeln auf den Punkt gebracht.

Die zehn Regeln erfolgreichen Delegierens

1   Denken Sie nach, was Sie delegieren wollen.

2   Entscheiden Sie, an wen Sie es delegieren.

3   Listen Sie auf, was zu tun ist.

4   Erklären Sie die einzelnen Aufgabenschritte.

5   Geben Sie genügend Training und Feedback.

6   Aufgaben müssen Freiraum für eigene Entscheidungen beinhalten.

7   Thematisieren Sie die erfolgte Delegation bei allen, die es angeht.

8   Intervenieren Sie nur nach vereinbarten Regeln.

9   Offene Kommunikation ist die Voraussetzung für einen gemeinsamen Erfolg.

10 Nachkontrolle: Bewerten und loben Sie die erbrachte Leistung.

Schaffen Sie Ordnung auf Ihrem Schreibtisch

Zeitersparnis ist ein großes Argument für ein gewisses Maß an Ordnung und System. Daher geben wir Ihnen in diesem Kapitel Tipps, wie Sie Ihren Schreibtisch zeitsparender organisieren.

Wie groß die Ordnung auf Ihrem Schreibtisch ist und welches Ablagesystem Sie benützen, hängt stark von Ihrer persönlichen Arbeitsweise ab. Manche Menschen behaupten, sie könnten nur im Chaos kreativ werden. Für manche ist der überquellende Schreibtisch schon deshalb eine Belastung, weil sich hier eine Ablenkung nach der anderen anbietet. Entscheidend ist, dass Sie durchblicken und die gerade benötigten Arbeitsunterlagen, Notizen, CD-ROMs etc. finden, ohne lange zu suchen.

> Ein durchdachtes und praktisches Ablagesystem erspart Ihnen viel Zeit und Nerven.

Nehmen Sie alles nur einmal in die Hand

Auf den meisten Schreibtischen befinden sich „Wanderdünen" – Stapel von Papieren, Mappen, Klarsichthüllen mit Notizen, Aufgaben etc., die wir wiederholt in die Hand nehmen, nur um sie an einer anderen Stelle wieder abzulegen, ohne dass wir eine Entscheidung getroffen haben, was wir denn jetzt damit machen.

Ziel ist es, jedes Blatt Papier nur einbis zweimal in die Hand zu nehmen. D. h., das erste Lesen muss bereits ein Ausleseprozess sein. Nach dem Motto „kleiner Schreibtisch – großer Papierkorb" gehört zum Beispiel vieles gleich in den Papierkorb (erinnern Sie sich an die D-Priorität, siehe Abschnitt „Prioritäten richtig setzen"). Selbst falls Sie nicht sicher sind, ob Sie das Papier noch einmal benötigen: Werfen Sie es in den Papierkorb. Stellen Sie sich immer wieder die Frage: Passiert etwas Furchtbares, wenn ich diesen Brief nicht aufbewahre?

Was Sie nicht sofort bearbeiten können, gehört gleich in eine Wiedervorlage: Falls die Reaktion erst an einem bestimmten Tag erfolgen soll, in eine Mappe mit den Tagen des Monats, ansonsten in eine thematische Ablage (z. B. nach Projekten oder Kunden), wobei Sie gegebenenfalls eine Aufgabe oder einen Termin zur Bearbeitung in Ihr Zeitplanbuch eintragen.

Mit System aufräumen

Es gibt nur vier Möglichkeiten, was Sie mit Papier und Unterlagen tun können: wegwerfen, delegieren, erledigen oder aufschieben.

Wenn also Ihr Schreibtisch überquillt, dann gehen Sie wie folgt vor:

1   Sortieren Sie alle Unterlagen nach Prioritäten.

2   Werfen Sie weg, was Sie und auch ein anderer nicht mehr brauchen: Dafür halten Sie am besten eine große Kiste als Altpapierbehälter parat.

3 Delegieren Sie, was Sie selbst nicht bearbeiten müssen. Versehen Sie die Papiere oder Unterlagen mit Haftnotizen und reichen Sie sie weiter.

4 Erledigen Sie alles, was A-Priorität hat. Allerdings nicht jetzt. Legen Sie die zu erledigenden Dinge auf einen kleinen Stapel. Erledigt wird der erst, wenn der ganze Schreibtisch einmal durchgekämmt ist.

5 Aufschieben können Sie die Unterlagen, die noch Zeit haben und einer geordneten Bearbeitung entgegensehen – legen Sie sie aber systematisch ab! Machen Sie sich eine Notiz im Zeitplanbuch oder verwenden Sie ein Wiedervorlagesystem.

Wie gehen Sie mit den übrig gebliebenen Dokumenten um?

Das parkinsonsche Gesetz sagt: „Alle Arbeiten sind unendlich dehnbar." Natürlich haben Sie nicht alle Infos, natürlich kann man das alles noch schöner und noch besser machen. Aber ist das immer zielführend? Muss jedes interne Schriftstück zum Beispiel perfekt formatiert sein? Nein, oft reicht ein handschriftlicher Vermerk als Antwort auf dem Original (bei internem Schriftverkehr). Um zu verhindern, dass Sie sich verzetteln, sollten Sie sich für jede Arbeit einen bestimmten Endpunkt setzen.

Beispiel:

 Sie müssen einen Brief schreiben mit einem Angebot. Schauen
Sie vor Beginn der Arbeit auf die Uhr und sagen Sie sich: „Jetzt ist
es 11.30 Uhr. In zehn Minuten habe ich diese Aufgabe erledigt."
Wenn Sie um 11.35 Uhr immer noch nicht über die Anrede
hinausgekommen sind, dann machen Sie sich einfach selbst
Druck: „Ich habe noch fünf Minuten. Jetzt aber vorwärts." Und
plötzlich geht es voran!

Vermeiden Sie Perfektionismus. Setzen Sie sich Zeitgrenzen und treffen
Sie dann Ihre Entscheidungen.

Zeit sparen beim Lesen

Das Lesen von Fachzeitschriften ist wichtig, damit Sie sich
weiterbilden und Trends mitbekommen. Und Sie brauchen für
Ihre Ideen Anregungen von außen. Doch wer hat für die oft
prall gefüllten Umläufe mit Fachpublikationen und anderen
Unterlagen überhaupt Zeit?

Lesen Sie nur, was Sie wirklich brauchen

Erstellen Sie eine Liste der Publikationen und Unternehmens-
listen, die Sie persönlich durchsehen wollen. Andere Unterlagen im Umlauf etc. leiten Sie sofort weiter. Legen Sie die
übrigen ankommenden Zeitschriften und fachlichen Unterlagen auf einen Stapel. Fangen Sie auf keinen Fall an zu
blättern. Sonst besteht die Gefahr, dass Sie unsystematisch
lesen und hängen bleiben – und die Zeit verrinnt! Suchen Sie
sich monatlich einen festen Termin für das Abarbeiten des
Stapels. Wenn die Zeit gekommen ist, den Stapel durchzuse-
hen, gehen Sie wie folgt vor:

- Lesen Sie zunächst nur das Inhaltsverzeichnis. Nur wenn die Überschrift eine lohnende Lektüre verspricht, nehmen Sie sich den entsprechenden Artikel/die Unterlagen vor.

- Wenn Sie in einer bestimmten Zeitschrift mehrmals hintereinander nichts Interessantes entdeckt haben, bestellen Sie die Zeitschrift ab.

- Prüfen Sie, was Sie Lesen sollen. Nur weil Ihnen jemand etwas zu Lesen gibt, bedeutet das nicht automatisch, dass Sie es auch lesen müssen.

- Machen Sie sich mit Techniken für schnelles Lesen vertraut. Dafür gibt es Kurse und Bücher. Wer allerdings nicht regelmäßig übt, wird die erhöhte Lesegeschwindigkeit nicht beibehalten können.

Die E-Mail-Flut bewältigen

Spam (unaufgeforderte Werbung) und E-Mails, die als Kopie an etliche Personen gleichzeitig verschickt werden, obwohl sie nur für wenige der Empfänger relevant sind, verstopfen unseren Posteingangs-Ordner. Auch nach Abzug dieser nutzlosen Nachrichten bleiben täglich meist dutzende bis hin zu über hundert zu bearbeitenden E-Mails übrig. Alle, die viel mit dem Computer arbeiten, sind inzwischen der E-Mail-Flut ausgesetzt. Kein Wunder, kommen doch inzwischen fast alle Informationen, die früher den klassischen Postweg oder über die Hauspost gingen, inzwischen über das Mail-System – viel schneller, kostengünstiger und bequemer. Die Gefahr des Mediums ist jedoch, dass einfach alle Informationen, ob nun benötigt oder nicht, ob wichtig oder nebensächlich, losgeschickt werden – denn es geht ja so schnell. Wie können Sie da den Überblick behalten?

Legen Sie Ordner an

Nehmen Sie sich einen Tag Zeit, um eine für Sie sinnvolle Ordnerstruktur anzulegen. Diese könnten Sie z. B. nach Projekten oder Kunden, Abteilungsinterna usw. sortieren. Wählen Sie pro Ebene drei bis sieben Ordner und höchstens drei Ebenen für die Verschachtelung.

Beispiel:

 Alle Newsletter landen automatisch über einen Filter in einem News-Ordner. Außerdem haben Sie weitere Ordner für alle Projekte angelegt, wobei Sie laufende und abgeschlossene Projekte unterscheiden. Als Produktmanager können Sie auch eine Strukturierung nach Ihren Produkten, Reihen oder Serien vornehmen. Oder Sie übernehmen die Produktionsphasen/-termine als Ordnungslogik.

Wichtig ist, eine Struktur zu wählen, die Ihren Arbeitsprozessen entspricht.

Wenden Sie das Eisenhower-Prinzip an

Halten Sie dann Ihren Eingangskorb leer. Auch auf E-Mails können Sie die vier Prioritätsstufen des Eisenhower-Diagramms anwenden, meist können Sie schon anhand von Absender und Betreff entscheiden, welche Priorität die E-Mail hat. Prüfen Sie, ob es Sinn macht, Ordner für bestimmte E-Mails der A- und B-Kategorie anzulegen. Die E-Mails der Kategorie D (Werbung, Witze usw.) können Sie sofort ungelesen löschen. Entscheiden Sie bei C-Mails: Entweder ist diese Nachricht es wert, dass ich mich sofort kurz darum kümmere oder ich werde sie löschen. Wenn die Nachricht ein Handeln zu einem bestimmten späteren Zeitpunkt erfordert: Gleich in den Kalender übertragen und die E-Mail löschen.

Mit der „Organisieren"-Funktion in Outlook können Sie Nachrichten Ihrer wichtigsten Kunden, Geschäftspartner, Vorgesetzten usw. automatisch einfärben, so dass sich diese Nachrichten vom Rest abheben. Oder Sie verschieben mit Hilfe von Filterfunktionen Ihres E-Mail-Programms (z.B. dem Regel-Assistenten in Outlook) bestimmte Nachrichten automatisch in den dafür angelegten Ordner. Die Ordner für Newsletter sehen Sie dann nur einmal pro Woche durch.

Machen Sie sich mit den Filterfunktionen vertraut und schaffen Sie ein für Sie passendes Ordnungssystem.

E-Mails gleich beantworten?

Viele fühlen sich gedrängt, eine neu eingetroffene Nachricht sofort zu öffnen, sei es aus Neugier, sei es aus Angst, etwas Wichtiges zu übersehen. Doch nicht jede Mail müssen Sie sofort lesen oder gar bearbeiten. Wenn Sie beim Eintreffen einer neuen E-Mail jedes Mal Ihre Tätigkeit unterbrechen, benötigen Sie danach viel Zeit, um sich wieder in die Aufgabe hineinzuversetzen. Überlegen Sie einmal, ob es nicht reicht, nur einbis fünfmal am Tag Ihren E-Mail-Eingang im Block zu überarbeiten, solange Sie keine dringenden Nachrichten erwarten. Achtung: Kunden erwarten oft eine Antwort inner-

halb eines Tages oder weniger Stunden – und erhalten diese
bei der Konkurrenz, falls Sie nicht rechtzeitig reagieren.

Signaturen effektiv nutzen

Die Signaturfunktion ist mehrfach praktisch: In wenigen Sekunden fügen Sie Ihre kompletten Adressdaten ein, so dass
der Empfänger nicht suchen muss. Mit mehreren Signaturen
können Sie entscheiden, wer Ihre Handynummer bekommt
und wer nicht. Die Möglichkeit, Signaturen als Dokument-
vorlagen zu verwenden, wird bisher nur selten genutzt, ist
aber sehr praktisch. Sie können wiederkehrende Texte wie
Angebote, Einladungen zu Meetings mit Struktur der Tagesordnung usw. als Signatur anlegen, diese an eine leere E-Mail
anfügen und müssen anschließend nur noch die entsprechenden variablen Daten einsetzen.

Weitere praktische Tipps zu E-Mails

Wenn Sie sich ausführlicher mit dem Kampf gegen die
E-Mail-Flut beschäftigen möchten und weitere Tipps zum
effektiven Mailen mit Outlook suchen, laden Sie am Besten
gleich zur Vertiefung unser für Sie kostenfreies e-Book he-
runter: „E-Müll für Dich – wie Sie mit Outlook die Nach-
richtenflut in den Griff bekommen" (www.zeit-im-griff.de/tg/
e-muell).

E-Mails effizienter schreiben

Die folgenden Regeln sparen Ihre Zeit sowie die der Adressaten – und gehören damit auch zur allgemeinen Netiquette:

- Füllen Sie die Betreffzeile immer aus – kurz und prägnant.

- Wenn nicht gerade nur Minuten zwischen dem Eintreffen der Nachricht und Ihrer Antwort vergehen, passen Sie den Betreff an. Dabei muss erkennbar bleiben, worauf Sie antworten – wenn nötig, hängen Sie in Klammern den ursprünglichen Betreff an. Bei internen Mails reicht manchmal der Betreff als Nachricht anstatt eines Textes.

- Vermeiden Sie unnötig lange Formulierungen und überflüssige Antwortmails wie „Danke" für jede gewöhnliche Kleinigkeit im geschäftlichen Bereich (wenn aus anderen Gründen eine Antwort erforderlich ist oder bei besonderen Anlässen können Sie es natürlich gerne unterbringen). E-Mail ist ein relativ informelles Medium.

- Nutzen Sie praktische Kürzel im Betreff. „FYI" *(for your information)* zeigt etwa an, dass keine Antwort nötig ist.

- Löschen Sie beim Antworten von der Originalnachricht alles, was nicht unbedingt zum Verständnis Ihrer Antwort nötig ist. Nur wichtige Stichpunkte oder Fragen, auf die Sie mit Ja oder Nein antworten, lassen Sie stehen.

- Leiten Sie E-Mails nur dann weiter, wenn der Absender einverstanden ist. Im Zweifelsfall fragen Sie besser nach.

- Formulieren Sie so kurz und übersichtlich wie möglich, nutzen Sie Absätze mit folgenden Leerzeilen als Gestaltungselement. Das spart Zeit beim Empfänger und erhöht die Wahrscheinlichkeit, dass Ihre wichtigsten Punkte nicht untergehen.

- Halten Sie Anhänge klein und deren Anzahl gering. Ob in Unternehmen mit Größenbeschränkungen des Postfachs oder beim Abruf mit mobilen Geräten, die je nach technischer Ausstattung sowie aktuellem Aufenthaltsort des Benutzers noch nicht immer und überall für große Datenmengen gerüstet sind: Niemand freut sich über 20 MB große Anhänge, die kleiner möglich gewesen wären oder unnötig sind. Komprimieren Sie große Dateien ins Zip-Format.

- Versenden Sie Dateien in Standardformaten (z. B. PDF) – sonst kann der Empfänger sie eventuell nicht öffnen.

- Schicken Sie nur dann eine Kopie an andere Personen bzw. eine Nachricht an einen Verteiler, wenn dies unbedingt nötig ist. Halten Sie die Zahl der Empfänger so klein wie möglich.

- Wenn es schon sein muss, dann leiten Sie Mails mit Witzen nur an Personen weiter, die dies nicht als Ballast empfinden. Löschen Sie Junkmails sofort. Teilen Sie es den Absendern mit, wenn Sie entsprechende Mails nicht empfangen wollen – sonst werden es nie weniger.

Falls Sie Ihre Mails unterwegs noch nicht abrufen und beantworten können (oder dies anders als auf Dienstreisen im Urlaub einfach nicht wollen): Nutzen Sie die automatische Abwesenheitsmeldung, damit Kunden und Kollegen wissen, dass Sie die Nachricht ggf. erst Wochen später lesen können.

So werden Sie Ihr Zeitmanager

Zeitmanagement ist kein Einheitsschuh, der jedem passt. Finden Sie die Techniken und Instrumente, die zu Ihrer Persönlichkeit passen und die sofort Wirkung zeigen.

In diesem Kapitel erfahren Sie,

- welcher Zeitmanagementtyp Sie sind und
- wie Sie Ihre innere Einstellung optimieren.

Was für ein Zeitmanagementtyp sind Sie?

Jeder Mensch ist anders. Während die einen es z.B. lieben, penibel Formulare auszufüllen, brauchen die anderen Freiräume für Kreativität und Spontaneität. Der eine verzettelt sich im Perfektionismus, der Nächste im Planen oder im Übereifer, er möchte zu viel zu schnell erledigen. Für das Zeitmanagement bedeutet dies: Sie müssen die Instrumente finden, die Ihrer Persönlichkeitsstruktur entsprechen.

Auf den folgenden Seiten stellen wir Ihnen vier verschiedene Persönlichkeitstypen vor: den dominanten, den initiativen, den stetigen und den gewissenhaften Zeitmanager.

Sicher sind ein oder zwei Typen dabei, die Ihnen ähneln. Finden Sie mit Hilfe der Checklisten heraus, zu welchem Persönlichkeitstyp Sie am ehesten gehören und welche speziellen Tipps für Sie gelten. Streichen Sie bei jedem der vier Typen die Aussagen an, in denen Sie sich wiederfinden. Lesen Sie dann die Tipps für die beiden Typen, bei denen Sie die meisten Häkchen haben.

Die hier beschriebene Typologie stammt von der Firma persolog (www.persolog.net). Persolog-Profile (D-I-S-G) helfen, sich selbst und andere besser zu verstehen. Die folgenden Zeitmanagementtipps stammen mit freundlicher Genehmigung aus Seiwert/Gay, „Das 1 × 1 der Persönlichkeit", 13. Aufl., Offenbach 2008.

Sind Sie ein dominanter Zeitmanager?

- Ich analysiere schnell und erkenne sofort das Wesentliche.
- Ich mache mir wenn überhaupt nur grobe Pläne.
- Ich will am liebsten immer alles sofort erledigen.
- Ich erledige Dinge nebenbei, während ich mit jemandem spreche.
- Ich gehe die anliegenden Aufgaben zügig an.
- Ich hasse Langeweile und Unterforderung.
- Ich habe gerne viele Eisen im Feuer.
- Ich handle oft impulsiv und denke die Dinge dabei manchmal nicht richtig zu Ende.
- Ich tendiere zu Durcheinander und Hektik.
- Ich dominiere Diskussionen, v. a. in Meetings.
- Ich unterbreche andere, wenn mir etwas Dringendes einfällt, werde aber selbst ungern gestört.

Zehn Zeitmanagement-Tipps für Dominante

1 Setzen Sie Prioritäten. Nehmen Sie sich Zeit, Ihre Ziele und Erwartungen aufzuschreiben und sich über wichtige Prioritäten klar zu werden.

2 Durchdenken Sie ein Projekt in allen Einzelheiten und schätzen Sie den Zeitbedarf ab, bevor Sie es übernehmen.

3 Seien Sie mit anderen geduldiger, geben Sie diesen einen gewissen zeitlichen Vorlauf.

4   Überschütten Sie andere nicht mit zu vielen Anliegen und Projekten auf einmal.

5   Unterbrechen Sie andere weniger, hören Sie dafür mehr aktiv zu.

6   Bleiben Sie aufmerksam, wenn andere mit Ihnen sprechen, halten Sie Blickkontakt.

7   Wetteifern Sie weniger und arbeiten Sie mehr mit anderen zusammen.

8   Erst nachdenken, dann (weniger voreilig) handeln.

9   Schalten Sie einen Gang zurück, verlangen Sie von anderen nicht so viel wie von sich selbst.

10 Entspannen Sie sich. Nehmen Sie sich auch einmal bewusst Zeit für Muße, Ruhe, Nichtstun.

Sind Sie ein initiativer Zeitmanager?

- Ich nehme gerne neue, interessante Aufgaben an.

- Ich wechsle häufig die Prioritäten.

- Ich bin oft in zu viele Aufgaben verstrickt.

- Ich bringe wenig Disziplin für Zeitplanung auf.

- Ich tendiere dazu, Aufgaben nicht vollständig abzuwickeln und zwischen Aufgaben zu springen.

- Mein Büro ist unordentlich, ich neige zum Chaos.

- Ich sage zwar gerne spontan ja, kann dann die Arbeit aber oft doch nicht ausführen.

Sind Sie ein initiativer Zeitmanager?

- Ich vermeide Routinearbeiten und erledige diese nur, wenn unbedingt notwendig.

- Ich unterbreche andere und lasse mich auch gerne unterbrechen und ablenken. Ich unterhalte mich auch oft viel lieber, als zu arbeiten.

- Ich habe Probleme mit der Pünktlichkeit.

- Ich bin in Meetings oft nicht oder nur schlecht vorbereitet.

Zehn Zeitmanagement-Tipps für Initiative

1 Beenden Sie angefangene Aufgaben, bevor Sie etwas Neues beginnen.

2 Lassen Sie sich nicht unterbrechen und nehmen Sie Unterbrechungen nicht zum Anlass, sich Tagträumereien hinzugeben.

3 Arbeiten Sie konsequent an begonnenen Projekten.

4 Arbeiten Sie konsequent daran, pünktlich zu sein.

5 Rennen Sie unwichtigen Dingen nicht hinterher, vergeuden Sie Ihre Energie nicht unnötig.

6 Fixieren Sie Aufgaben schriftlich. Erstellen Sie eine Todo-Liste mit Prioritäten und halten Sie sich daran.

7 Erstellen Sie einen Tagesplan und bringen Sie mehr Struktur in Ihren Arbeitstag.

8 Benutzen Sie ein Zeitplanbuch – auch als Mittel zur Motivation und Selbstdisziplin.

9 Räumen Sie Ihren Schreibtisch auf und misten Sie Ihre Ablagekörbe aus.

10 Vermeiden Sie „private" Störungen. Begrenzen Sie die Zeit für Ihren privaten Schwatz, seien Sie weniger gesellig.

Sind Sie ein stetiger Zeitmanager?	

- Ich arbeite zunächst langsam, aber dafür beständig, gründlich, der Reihe nach und zuverlässig.

- Ich hasse Termindruck und setze Prioritäten, weil sie Ordnung und Sicherheit schaffen. Ich schreibe viel auf, damit ich alles richtig mache.

- Ich brauche Zeit, um Dinge in Ruhe zu bedenken.

- Ich bin in der Regel gut organisiert.

- Ich sage ungern nein, weil es die Beziehungen belasten könnte.

- Ich vermeide Konfrontationen nach Möglichkeit.

- Ich ertappe mich öfter dabei, Aufgaben mit Termindruck zugunsten weniger wichtiger und nicht so dringender Dinge liegen zu lassen.

- Ich bin bei Sitzungen pünktlich, aber zurückhaltend und übernehme ungern die Verantwortung.

- Ich brauche viel Bestätigung und Feedback, wenn Aufgaben an mich delegiert wurden, besonders zu Beginn.

Zehn Zeitmanagement-Tipps für Stetige

1 Suchen Sie nach neuen Wegen, um schneller zu gewünschten Ergebnissen zu kommen, statt an bewährten Abläufen festzuhalten.

2 Verbessern Sie die Effizienz Ihrer zeitlichen Arbeitsabläufe, beschleunigen Sie Prozesse.

3 Halten Sie öfter Rücksprache mit anderen, um Prioritäten und Aktivitäten abzustimmen.

4 Erkennen und lösen Sie Probleme. Gehen Sie die Lösung zwischenmenschlicher Konflikte an.

5 Beginnen Sie Ihren Arbeitstag früher, um Zeitdruck zu vermeiden.

6 Denken Sie weniger an den Arbeitsaufwand, sondern mehr an die Ergebnisse.

7 Achten Sie auf Endtermine, ohne sich dadurch zu blockieren.

8 Sehen Sie Veränderungen positiv, sie bereichern Ihr Leben.

9 Nehmen Sie Dinge einfach selber in die Hand; fangen Sie mit kleinen Sachen an.

10 Trauen Sie sich mehr zu. Sprechen Sie lauter. Sagen Sie öfter einmal nein.

Sind Sie ein gewissenhafter Zeitmanager?

- Ich tendiere dazu, mich in Details zu verlieren.

- Ich mache immer ausführliche, detaillierte Pläne.

- Ich analysiere jede Einzelheit ganz genau.

- Ich verbringe oft zu viel Zeit mit der Planung, statt die eigentliche Aktion durchzuführen.

- Ich bedenke alle Prioritäten mehrmals gründlich.

- Ich sage nein, wenn eine neue Aufgabe nicht ins vorhandene Konzept passt.

- Ich halte sehr lange Präsentationen, die andere oft zu komplex finden.

- Ich habe in Konferenzen Schwierigkeiten, schnell zur Entscheidungsfindung zu kommen.

- Bei Meetings bin ich immer pünktlich und perfekt vorbereitet, ich bringe viele Unterlagen mit.

- Ich halte jede Vorschrift immer sehr genau ein.

- Ich habe meinen Schreibtisch perfekt aufgeräumt, alles hat seinen festen Platz.

- Ich beschreibe Delegationsaufgaben bis ins Detail und verlange über alles ausführliche Berichte.

Zehn Zeitmanagement–Tipps für Gewissenhafte

1 Überdenken Sie Ihre Planungszeiten. Bei zu viel Planung bleibt zu wenig Zeit für die Umsetzung.

2 Konzentrieren Sie sich auf Ergebnisse, nicht auf Perfektion in der Erledigung.

3 Sie können nicht jedes Risiko vermeiden. Verinnerlichen Sie das.

4 Treffen Sie Entscheidungen, auch wenn Ihnen weniger Informationen zur Verfügung stehen, als Ihnen lieb ist.

5 Verwenden Sie nicht so viel Zeit darauf, Dinge zu analysieren.

6 Setzen Sie sich ein striktes Zeitlimit für die Erledigung Ihrer Aufgaben.

7 Setzen Sie sich realistische Ziele. Erwarten Sie von sich nicht zu hohe Standards.

8 Erkennen Sie, dass Perfektion auch ihre Grenzen hat: Gut ist besser als perfekt.

9 Werden Sie lockerer in Ihren Erwartungen an sich und an andere; lassen Sie einmal fünf gerade sein.

10 Menschen sind wichtiger als Vorschriften und Richtlinien. Machen Sie sich das bewusst.

Wie Sie Ihre Gewohnheiten ändern

Im Zeitmanagement gibt es „harte" Faktoren (Zeitplansysteme, Pareto-Prinzip, Zielplanung usw.) und „weiche" Faktoren, die genauso wichtig, wenn nicht noch wichtiger sind. Um diese geht es in unserem Abschlusskapitel.

Ihre innere Einstellung zählt

Die Wahrheit tut weh: Zeitmanagement bedeutet in erster Linie Selbstdisziplin. Am wichtigsten sind Ihre innere Einstellung und Motivation – und dass Sie aktiv werden. Die Zeit können wir nicht managen, nur unseren Umgang mit ihr. Um mehr in weniger Zeit zu erreichen gibt es keine Zaubertricks – wir müssen wissen, wo wir hinwollen, was uns am wichtigsten ist, was wir erreichen können und wie.

Der schlimmste Zeitfresser

Der schlimmste Zeitfresser ist, wenn wir unsere Situation nicht analysieren. Wenn wir Fehler machen und nichts daraus lernen, wenn wir den Kopf in den Sand stecken. Oft geben wir zu früh auf oder sind uns sicher, dass wir „ja eh nichts machen können" oder „ein Opfer äußerer Umstände" sind (des Chefs, der Kollegen, Kunden, Zulieferer oder auch des Wetters, Schicksals, der Sterne, des Datums Freitag des dreizehnten usw.). Dann haben wir aber keine Handlungsmöglichkeit mehr, um das Problem zu lösen.

> „Ich bin davon überzeugt, dass mein Leben zu zehn Prozent aus dem besteht, was mit mir geschieht, und zu neunzig Prozent aus dem, wie ich darauf reagiere."
> *Charles Swindoll*

Eine genaue Analyse unserer Situation zeigt uns jedoch, dass wir selbst durch unserer Reaktion auf die Umstände das Problem verursachen oder es etwas anders einfach besser geht. Wir möchten Ihnen den springenden Punkt an einem Beispiel erläutern.

Beispiel: Mein Problem mit der Unpünktlichkeit

Mein Problem in der Vergangenheit war grauenhafte Unpünktlichkeit. Nur zu den wichtigsten beruflichen Meetings war ich pünktlich. Selbst mein bester Freund Markus und seine Frau Mareike mussten regelmäßig eine halbe Stunde oder länger auf mich warten, wenn ich sie besuchen wollte. Jedes Mal passierte etwas anderes: Ich bekam kurz vor Aufbruch eine E-Mail, die ich noch „schnell" beantworten wollte. Ein andermal wollte ich noch den vorbestellten Antennenadapter für mein Handy auf dem Weg abholen. Aber es dauerte 20 Minuten, bis der Verkäufer ihn im Lager gefunden hatte; danach erwischte ich genau die Kasse, an der ich am längsten anstehen musste. Beim nächsten Mal klingelte zehn Minuten vor Aufbruch das Telefon. Der Anruf war nicht dringend, dauerte aber trotzdem 45 Minuten. Ein anderes Mal kam ich noch relativ pünktlich los, allerdings mitten im Berufsverkehr. Ich erwischte bei allen fünf Ampeln auf dem Weg die Rotphase. Eine Baustelle auf dem Weg tat ihr Übriges.

Warum geht es bei mir immer schief ?

Wie Sie sehen, konnte ich überhaupt nichts dafür, oder? Ich war das Opfer unglücklicher Umstände, an denen ich nichts ändern konnte: Baustellen, Berufsverkehr, lahme Verkäufer usw. Da nützte es auch nichts, mich aufzuregen.

Natürlich waren die Ampeln rot, der Verkäufer nicht der Schnellste usw. Aber das passiert anderen Leuten auch, und sie sind trotzdem pünktlich. Hätte ich nicht damit rechnen können, dass solche Ereignisse eintreten würden? (Hier sehen Sie, wie wichtig unverplante Pufferzeiten sind.)

> Kennen Sie das? Versuchen Sie einmal, das Beispiel auf einen Bereich in Ihrem Leben zu übertragen, der Ihnen ständig aus dem Ruder läuft!

Übernehmen Sie die Verantwortung!

Irgendwann sah ich mir die Gründe für mein dauerndes Zuspätkommen noch einmal an – und plötzlich wurde mir schlagartig klar: „Natürlich bin ich selbst schuld!" Ich wollte die Zeit immer bis zum Letzten ausnutzen und habe mich dabei furchtbar verzettelt. Diese Erkenntnis hatte eine wichtige Folge: Da ich verantwortlich war, konnte ich auch etwas ändern. Inzwischen gehe ich vor *allen* wichtigen Terminen nur noch leichten sowie kurzen Tätigkeiten nach und fahre prinzipiell früher los.

> Verantwortung zu übernehmen ist bei vielen Problemen das eigentliche Problem – und gleichzeitig der erste Schritt zur Lösung.

Unser Verhalten können wir immer ändern

Tatsächlich sind wir für fast alles, was mit uns geschieht, zumindest zum Teil verantwortlich. Wir beeinflussen die Wirkung äußerer Umstände auf uns maßgeblich durch unser Verhalten und unsere Einstellung. Beides können wir jederzeit ändern. Wir können herumsitzen und uns beschweren, weil wir „ja sowieso nichts ändern können". Oder wir lernen, das, was wir nicht beeinflussen können, zu akzeptieren, und finden die uns möglichen Wege, etwas an unserer Situation zu ändern. Und wir lernen, anders als bisher auf das von uns nicht Änderbare zu reagieren. Der Schlüssel zu Freiheit von Stress, Überlastung und Zeitnot sowie zum Erfolg liegt also in uns selbst.

> Übernehmen Sie Verantwortung für das, was schief läuft. Überdenken Sie die Situation, suchen Sie nach Ursachen und ändern Sie das, was in Ihrer Macht steht!

Motivation ist das Wichtigste

Ein weiterer wichtiger Faktor ist unsere Motivation, die mit unserer Einstellung wesentlich zusammenhängt – und sie ist viel wichtiger als Techniken oder Hilfsmittel. Vergleichen Sie einmal Ihre Produktivität von einem Tag, an dem Sie keine Lust haben oder gefrustet sind, mit der am letzten Tag vor dem Urlaub, wenn Sie bis abends noch alle restlichen Aufgaben abarbeiten müssen.

Seien Sie optimistisch

Wenn wir mit einer negativen Einstellung an die Dinge herangehen, blockieren und demotivieren wir uns. Auch geben viele Menschen zu früh auf.

Beispiel:

Herr Pech, der gerne joggt, ist vor kurzem neu in die Abteilung gekommen und fragt zwei Kollegen: „Habt ihr Lust, mit mir morgen früh eine Stunde zu laufen?" Letzte Woche hatten seine Kollegen morgens immer noch Zeit für eine ausgiebige Unterhaltung gehabt, doch nun bekommt er als Antwort von beiden: „Nein, zu viel zu tun." Herr Pech ist daraufhin gekränkt und geht den beiden in Zukunft aus dem Weg. Als Pessimist hatte er sofort ein „Ich kann Dich nicht ausstehen" verstanden. Doch dass seine

Kollegen am nächsten Tag noch dringend ein wichtiges Projekt unter Terminnot fertigstellen mussten, hat er nicht gewusst. Dabei hätte er nur fragen müssen: „Passt es euch übermorgen besser? Ist euch eine Stunde zu lang?", um der Sache auf den Grund zu gehen.

Gehen Sie also nicht immer vom Schlimmsten aus, sondern versuchen Sie die Dinge optimistisch anzupacken. Das entbindet uns allerdings nicht von einer vernünftigen Risikoanalyse, die uns die Kosten- und Terminfallen eines Projektes realistisch einschätzen oder den Regenschirm einpacken lässt, wenn der Himmel voll dunkler Wolken hängt.

> „Es ist nicht genug zu wissen: Man muss auch anwenden; es ist nicht genug zu wollen: Man muss auch tun."   *Goethe*

Beweisen Sie Disziplin und Mut. Der Schlüssel zu einem erfolgreichen Zeitmanagement, effektivem Arbeiten und dem Weg aus der Zeitfalle liegt in Ihnen selbst – es kommt auf Ihre Einstellung und Selbstdisziplin bei der Umsetzung an. Planen Sie, fangen Sie an und bleiben Sie auch bei Schwierigkeiten dran!

Wie Sie wirksame Strategien entwickeln

Wenn ich am Morgen eines Seminartages Zahnschmerzen bekäme, würde ich eine Tablette nehmen. Aber am nächsten Tag würde ich dann gleich zum Zahnarzt gehen, denn Tabletten sind nur eine kurzfristige Notlösung. Ganz andere Probleme im Berufsleben bekämpfen wir leider häufig mit „Tabletten". Im ersten Moment verhilft das zur Linderung, aber langfristig gesehen macht es alles nur noch schlimmer.

Beispiel:

Herr Meyer verliert oft wichtige Dokumente. Und häufig kommt es vor, dass er hektisch nach Sachen suchen muss, was enorm Zeit kostet. Warum? Weil sein Schreibtisch unordentlich ist. Also räumt Herr Meyer seinen Schreibtisch auf. Immer wieder. Zwei Wochen später ist sein Arbeitsplatz aber erneut völlig überfüllt.

Wenn Sie Ihre Erkenntnisse wirklich umsetzen und etwas ändern wollen, sind drei Schritte notwendig:

1 Identifizieren Sie die Problemquellen.

2 Bekämpfen Sie die Ursachen anstatt die Symptome.

3 Erstellen Sie einen Aktionsplan.

Beispiel:

Im Fall von Herrn Meyer wäre die Tablette, den Schreibtisch aufzuräumen. Doch um eine langfristige Lösung zu erreichen, müsste Herr Meyer weiterfragen: Warum ist denn mein Schreibtisch unaufgeräumt? Weil ich kein Ablagesystem und kein System für die Bearbeitung eingehender Dokumente habe. Warum habe ich keines entwickelt? Weil ich zu beschäftigt war. Warum? Weil ich dringende, leichte Aufgaben mit niedriger Priorität, die Spaß machen, den etwas unangenehmeren, schwierigen mit hoher Priorität und hoher Hebelwirkung vorziehe.

Die Lösung für Herrn Meyer ist also, ein System zur vernünftigen Prioritätensetzung einzuführen, in dem die Entwicklung eines Ablagesystems für eingehende Dokumente selbst hohe Priorität hat, und diese Lösung diszipliniert umzusetzen. Die dafür investierte Zeit liegt übrigens deutlich unter der Zeit, die Herr Meyer bislang für das Suchen verlorener Dokumente opfern musste. Ein System zu entwickeln wird ihn schätzungsweise fünf Stunden kosten – einmalig. Auch das Pflegen des Systems ist weniger aufwendig als die ständige Sucherei.

Beginnen Sie jetzt!

1 Suchen Sie sich jetzt sofort die ein oder maximal zwei im Buch behandelten Punkte heraus, bei denen Sie das größte Optimierungspotenzial besitzen. Schreiben Sie Ihre Probleme in diesen Bereichen auf.

2 Identifizieren Sie die Ursachen. Überlegen Sie Lösungsstrategien. Finden Sie jemanden, der Ihnen hilft, Sie kontrolliert und motiviert (notfalls einen externen Coach). Setzen Sie sich realistische und klare Ziele.

3 Überlegen Sie sich zum Abschluss eine echte Belohnung, die Sie sich nach dem Erreichen Ihres Zieles gönnen.

4 Machen Sie anschließend eine kurze Pause und erweitern Sie Ihren Aktionsplan um den nächsten Punkt, den Sie dann auch gleich in Angriff nehmen.

Seminare und Coachings nutzen

Sie besitzen mit diesem Buch bereits viel Material zum Selbststudium. Der Besuch eines Seminars ist daher nicht nötig – in einem Seminar können Sie aber den Stoff leichter, schneller sowie auf angenehme Art lernen und umsetzen. Mit einer Gruppe Gleichgesinnter zu lernen ist durch die Erfahrungen und Beteiligung der Einzelnen auch Ansporn und eine inhaltliche Bereicherung. In Seminaren können Sie zudem gewonnene Kenntnisse auffrischen und an anderen Schwerpunkten arbeiten. Es ist wie beim Sport: Eine Trainerstunde hier und da hat noch niemandem geschadet.

Die Vorteile eines Seminars:

- Sie haben einen vollen Tag Zeit, um sich abgeschottet vom Tagesgeschäft ganz auf das Thema zu konzentrieren. Sie erhalten einen wesentlich tieferen Zugang zu den Themen, als es durch ein Buch möglich ist.

- Sie können detaillierte Rückfragen stellen. Der Trainer begleitet Sie durch Übungen, in denen Sie Ihre individuellen Aufgaben und Ihren Tagesablauf einbringen. Auf Wunsch erhalten Sie sofort Feedback zu den Übungen.

Das Ergebnis: Die meisten unserer Seminarteilnehmer können – unabhängig von ihren Vorkenntnissen – nach dem Seminar 30 Minuten pro Tag einsparen. Damit rentiert sich je nach Ihren Aufgaben, Ihrer Arbeitszeit und Ihrer Position der Seminartag schon nach ein bis drei Monaten im Hinblick auf den investierten Arbeitstag und den Seminarpreis.

Erfolgreicher durch Coaching

Persönliches Coaching hat sich gerade im Zeitmanagement hervorragend bewährt, denn dabei werden ganz gezielt individuelle Probleme angegangen. Ein Coach hilft Ihnen, an einer Leistungsschwäche zu arbeiten. Er analysiert Ihren persönlichen Arbeitsstil und optimiert mit Ihnen Prozesse und Abläufe entsprechend Ihrer Persönlichkeit. So können Sie Kraft raubende Verhaltensmuster ablegen und neue, speziell auf Sie abgestimmte Gewohnheiten entwickeln (Tipps und Informationen unter www.workshops365.de).

Impressum

Bibliografische Information der Deutschen Nationalbibliothek
Die Deutsche Nationalbibliothek verzeichnet diese Publikation in der Deutschen Nationalbibliografie; detaillierte bibliografische Daten sind im Internet über http://www.d-nb.de abrufbar.

Print: ISBN: 978-3-648-02935-0 Bestell-Nr.: 01315-0001
ePub: ISBN: 978-3-648-02936-7 Bestell-Nr.: 01315-0100
ePDF: ISBN: 978-3-648-02937-4 Bestell-Nr.: 01315-0150

Dr. Klaus Bischof, Anita Bischof, Prof. Dr. Jörg Knoblauch, Holger Wöltje
Selbstorganisation
1. Auflage 2012

© 2012, Haufe-Lexware GmbH & Co. KG, Munzinger Straße 9, 79111 Freiburg
Redaktionsanschrift: Fraunhoferstraße 5, 82152 Planegg/München
Telefon: (089) 895 17-0
Telefax: (089) 895 17-290
Internet: www.haufe.de
E-Mail: online@haufe.de
Redaktion: Jürgen Fischer

Lektorat: Dr. Ilonka Kunow, Claudia Nöllke
Satz: Beltz Bad Langensalza GmbH, 99947 Bad Langensalza
Umschlag: Kienle gestaltet, Stuttgart
Druck: CPI – Ebner & Spiegel, Ulm

Autoren

Dr. Klaus Bischof

ist zusammen mit Anita Bischof Geschäftsführer von BI-SCHOF-management mit Sitz in Deutschland und der Schweiz (www.bischofmanagement.de). Seine Schwerpunkte sind Training, Coaching und Consulting. Neben anderen Themen spezialisierte er sich auf Führung, Kommunikation und Selbstmanagement.

Anita Bischof

verfügt über mehrjährige Erfahrung in der Führung von Mitarbeitern und als Unternehmensberaterin. Ihre Schwerpunkte sind Führung, Selbstmanagement, Besprechungen und Moderation von Workshops, Prozesse zu analysieren und zu strukturieren.

Von Dr. Klaus Bischof und Anita Bischof stammt der erste Teil dieses Buches.

Prof. Dr. Jörg Knoblauch

Vortragsredner und geschäftsführender Gesellschafter der Firmen tempus (www.tempus.de, Zeitplansysteme, Seminare), persolog (www.persolog.com, Persönlichkeits-Profile) und tempus-Consulting. Buchautor mit über 400.000 verkauften Büchern zu den Themen Selbst-, Zeit- und Zielmanagement sowie Berufs- und Lebenszielplanung, die in ein Dutzend Sprachen übersetzt wurden. Gewinner vieler hochkarätiger Wirtschaftspreise und bekannt durch verschiedene Fernsehauftritte. E-Mail: j.knoblauch@tempus.de

Holger Wöltje

Deutschlands führender Experte für E-Mail- und Zeitmanagement mit Outlook, Blackberry und iPhone. Er unterstützt u.a. Mitarbeiter der Credit Suisse, Deutschen Post, REWE, SAP und Lufthansa dabei, ihren Arbeitsstil zu optimieren. In Vorträgen und Seminaren zeigt er Outlook- und Blackberry-Nutzern, wie sie ihre Termine, Aufgaben und E-Mails in den Griff bekommen und mehr Zeit für das gewinnen, was ihnen wirklich wichtig ist. Internet: www.zeit-im-griff.de; E-Mail: woeltje@zeit-im-griff.de

Von Prof. Dr. Jörg Knoblauch und Holger Wöltje stammt der zweite Teil dieses Buches.

Weitere Literatur

„Vorträge und Präsentationen", von Peter Flume, 168 Seiten, mit CD-ROM, EUR 18,80, ISBN 978-3-448-09520-3, Bestell-Nr. 00209

„Stressmanagement. Das Kienbaum Trainingsprogramm" von Matthias Meifert (Hrsg.), Christine Kentzler, Julia Richter, 242 Seiten, EUR 24,95, ISBN 978-3-448-08741-3, Bestell-Nr. 00179

„Gut sein allein genügt nicht. Wie Sie im Job den Er-folg haben, den Sie verdienen" von Doris Brenner und Frank Brenner, 192 Seiten, EUR 19,80, ISBN 978-3-448-09069-7, Bestell-Nr. 00244

„Nein sagen. Die besten Strategien" von Monika Radecki, 128 Seiten, EUR 6,90, ISBN 978-3-648-01248-2, Bestell-Nr. 00966

Small Talk als Karrierefaktor

Gekonnt plaudern und Sympathien
gewinnen. Mit einem lockeren Small
Talk können Sie nützliche Kontakte auf
angenehme Weise verknüpfen. Die
Autoren zeigen Ihnen, wie es geht!

€ 8,95 [D]
256 Seiten
ISBN 978-3-648-03438-5
Bestell-Nr. E00994